天津市主要农作物新品种动态

新品种动态
（2022）

郭云峰　　王连芬　　徐建坡　　主编

中国农业科学技术出版社

图书在版编目（CIP）数据

天津市主要农作物新品种动态.2022 / 郭云峰，王连芬，徐建坡主编.--北京：中国农业
科学技术出版社，2023.12
　　ISBN 978-7-5116-6649-9

Ⅰ.①天…　　Ⅱ.①郭…②王…③徐…　　Ⅲ.①作物-品种-介绍-天津-2022　　Ⅳ.①S329.221

中国国家版本馆 CIP 数据核字（2024）第 017934 号

责任编辑　姚　欢
责任校对　王　彦
责任印制　姜义伟　王思文

出 版 者　中国农业科学技术出版社
　　　　　北京市中关村南大街 12 号　　邮编：100081
电　　话　（010）82106631（编辑室）　　（010）82106624（发行部）
　　　　　（010）82109709（读者服务部）
网　　址　https://castp.caas.cn
经 销 者　各地新华书店
印 刷 者　北京建宏印刷有限公司
开　　本　210 mm×285 mm　1/16
印　　张　11.5
字　　数　350 千字
版　　次　2023 年 12 月第 1 版　2023 年 12 月第 1 次印刷
定　　价　50.00 元

《天津市主要农作物新品种动态（2022）》
编委会

主　　编：郭云峰　王连芬　徐建坡

副 主 编：梁　晨　于澎湃　李　争

编写人员：（按姓氏笔画排序）

丁建文	于福安	于澎湃	王　丽	王　琨
王志强	王连芬	王妍卿	王建贺	尹超群
申天兵	付　兴	付艳中	付婷婷	冯学良
吕艳杰	吕桂山	朱　崴	刘文政	刘玉华
刘学中	苏京平	杨永安	杨宇涵	杨红军
杨晓斌	李　争	李　岩	李　茜	李　胜
李宏伟	邹美智	张　瑞	张一为	张云月
张华颖	张艳红	陈　勇	林建华	郑久明
赵长海	柳　凡	胥林华	袁文娅	顾红艳
徐建坡	郭小丽	郭云峰	崔如清	梁　丹
梁　晨	楼辰军	魏立军		

前　言

在天津市农业农村委员会、天津市农业发展服务中心领导的大力支持下，在各承试单位的共同努力下，2022年天津市继续开展主要农作物品种试验工作，为天津市农业生产筛选了一批优良新品种，搭建了优质"看禾选种"平台。2022年，天津市共有19个品种通过审定，其中小麦5个、水稻4个、玉米10个。

现将各作物品种试验总结汇编成册，以便备案、查询，供各生产、经营、科研等单位参考。在此，对长期辛勤工作在品种试验第一线的广大科技工作者和支持这项工作的各级领导、专家表示衷心的感谢。

本书力求客观、公正、详尽，但由于汇总资料时间仓促，欠妥之处在所难免，恭请读者批评指正。

编委会
2023 年 11 月

目　　录

第一章 2021—2022年度天津市冬小麦区域试验总结

一、试验目的

为了客观、公正、科学地评价新育成小麦品种在天津市的丰产性、适应性、抗逆性、品质及其利用价值，为天津市小麦新品种审定提供依据。

二、参试品种及承试单位

1. 参试品种

各参试品种和育种单位见表1-1。

表1-1 2021—2022年度天津市冬小麦区域试验参试品种

序号	年次	品种	育种（供种）单位
1	1	鑫瑞麦77	济南鑫瑞种业科技有限公司
2	1	中麦108（11RH73）	中国农业科学院作物科学研究所
3	1	农大105	中国农业大学农学院
4	1	小偃155	中国科学院遗传与发育生物学研究所
5	1	乐土18	河北乐土种业有限公司
6	1	济麦5172	天津市农业科学院（申请单位）、山东省农业科学院作物研究所（申请单位、育种单位）
7	1	津麦5038	河北曲育农业科技有限公司、天津蓟县康恩伟泰种子有限公司
8	1	鲁原158	山东鲁研农业良种有限公司（申请单位、育种单位）、山东省农业科学院原子能农业应用研究所（育种单位）
9	1	润麦2008	河北润硕种子科技有限公司
10	1	津农鉴196	天津农学院
11	1	津丰96	莘县飞强粮食种植专业合作社
12	1	兰德麦856（兰德50856）	河北兰德泽农种业有限公司
13	1	JM038	山东省农业科学院作物研究所
14	1	津农18	天津市农业科学院
15	1	FW-12	河北蓝鹰种业有限公司
16	1	成麦17	天津市占山农业科技发展有限公司
17	1	盈亿166	深圳市种业有限公司
18	1	乐土702	河北乐土种业有限公司
19	1	FH801	山东富华种业有限公司
20	1	农大8156	中国农业大学、天津农学院
21	1	津农19	天津市农业科学院
22	1	津农20	天津市农业科学院
23	2	鲁研951	山东省农业科学院原子能农业应用研究所（申请单位、育种单位）、山东鲁研农业良种有限公司（育种单位）
24	2	中麦806	中国农业科学院作物科学研究所

（续表）

序号	年次	品种	育种（供种）单位
25	2	津18019	天津市农业科学院
26	2	津农鉴1801	天津农学院
27	2	中麦98	中国农业科学院作物科学研究所
28	2	津麦0118	天津蓟县康恩伟泰种子有限公司
29	2	中麦578	中国农业科学院作物科学研究所、中国农业科学院棉花研究所
30	2	中麦100	中国农业科学院作物科学研究所
31	2	济麦70	山东鲁研农业良种有限公司（申请单位）、山东省农业科学院作物研究所（育种单位）
32		津农6号（CK）	天津市农业科学院

2. 承试单位

天津市蓟州区良种繁殖场（蓟州）、天津市宝坻区农业发展服务中心（宝坻）、天津保农仓农业科技有限公司（保农仓）、天津市农作物研究所（作物所）、天津市优质农产品开发示范中心（优农）。

三、试验管理

试验管理概况见表1-2。

表1-2 2021—2022年度天津市冬小麦区域试验田间管理概况

项目	蓟州	宝坻	保农仓	作物所	优农
前茬作物	玉米	玉米	玉米	玉米	玉米
土质	黏土	壤土	重壤土	中壤	盐碱潮土
底肥	2021年10月2日撒施45%（N：P：K＝14：16：15）硫酸钾型复合肥55千克/亩*	2021年9月30日撒施50千克/亩掺混肥（N：P：K＝18：20：5）	2021年10月29日底施有机肥1.5吨，小麦配方肥40千克/亩（N：P：K＝15：23：12）	2021年10月16日人工撒施磷酸二铵25千克/亩	2021年10月15日机械撒施复合肥40千克/亩（20：22：6）
追肥	2022年4月8日撒施尿素20千克/亩后浇水	2022年4月8日施尿素30千克/亩	2022年4月8日随返青水追施尿素20千克/亩；5月7日浇第二水，施尿素15千克/亩	2022年3月30日追施尿素15千克/亩，4月23日追施尿素15千克/亩	2021年3月28日撒施尿素30千克/亩
水（旱）地	水浇地	水浇地	水浇地	水浇地	水浇地
浇水	2021年12月3日，2022年4月12日和5月22日，共浇水3次，漫灌	2021年12月4日，2022年1月28日浇冻水；4月8日浇返青水；4月29日浇第二水，5月25日浇第三水	2021年12月23日浇冻水；2022年4月8日浇返青水，5月7日浇第二水，漫灌	2021年11月25日浇冻水；2022年3月30日浇第一水，4月23日浇第二水，5月17日浇第三水	2020年12月9日浇冻水；2021年3月28日、4月30日、5月28日，漫灌
中耕除草	4月13日人工喷施双氟·滴辛酯化学除草1次	4月16日用苯磺隆、2甲4氯钠化学除草1次	4月16日使用锐超麦化学除草1次	4月9日人工喷施除草剂，5月8日人工除草1次	4月21日喷施20%锐超麦水分散粒剂5克/亩防治杂草

＊ 1亩≈667米²，15亩＝1公顷，全书同。

（续表）

项目	蓟州	宝坻	保农仓	作物所	优农
植保	5 月 11 日、27 日用无人机喷施噻虫高氯氟+磷酸二氢钾，防治蚜虫、吸浆虫 2 次	5 月 16 日用高效氯氟氰菊酯+吡虫啉叶面喷雾防治蚜虫	5 月 11 日、27 日分别用无人机喷施呋虫胺、三唑酮、磷酸二氢钾混合液除治蚜虫、吸浆虫和白粉病	2021 年 10 月 16 日撒施辛硫磷防治地下害虫，2022 年 5 月 4 日、11 日人工喷施防治蚜虫药剂 2 次	5 月 14 日、31 日用无人机喷施高效氯氟氰菊酯、啶虫脒防治蚜虫
其他	2021 年 11 月 6 日播种，2022 年 6 月 25 日收获	2021 年 10 月 1 日播种，2022 年 6 月 21 日收获	2021 年 10 月 26 日播种，2022 年 6 月 20 日收获	2021 年 10 月 17 日播种，2022 年 6 月 19 日收获	2021 年 10 月 19 日播种，2022 年 6 月 26 日收获

四、气象条件

经对气象资料分析，2021—2022 年度各试验点冬小麦生育期间，主要表现为以下几个特点。

（1）播种：2021 年秋季天津市降水异常偏多，9 月上旬至 10 月中旬平均降水 271.8 毫米，连续阴雨导致全市冬小麦播种期普遍推迟 10~15 天。各试点于 10 月 1 日至 11 月 5 日陆续播种，时间跨度较大。

（2）苗期：2021 年 11 月上旬再次出现大范围雨雪天气，降水量较常年偏多 9.2 倍。平均气温高，光照足，墒情适宜，冬前积温不足，进入越冬期偏晚 15~20 天，冬前分蘖少。

（3）越冬期：气温略偏高，日照时数较常年偏多，未出现极端低温天气，一定程度缓解了因播种偏晚造成的生长量不足，利于苗情转化。2022 年 2 月下旬降雪增加了墒情。

（4）返青期：2022 年 3 月进入返青期，墒情较好，利于起身。2022 年 4 月未出现倒春寒现象。

（5）抽穗灌浆期：天气晴朗，气温偏高，降水偏少，利于灌浆。遇干热风，由于及时灌水，影响较轻，成熟期与常年比推迟一周左右。

五、试验结果

（1）2021—2022 年度共有 32 个参试品种，其中对照品种为津农 6 号，产量汇总情况详见附表 1-1 至附表 1-6。根据参试品种在区试中的综合表现，推荐鑫瑞麦 77、中麦 108、农大 105、润麦 2008、乐土 18、济麦 5172、津麦 5038、鲁原 158、兰德麦 856、成麦 17、盈亿 166、乐土 702、津农 19、JM038、小偃 155、FH801、鲁研 951、中麦 806、中麦 578、农大 8156 继续参试，其他品种停止试验。

（2）以产量性状为依据，对参试品种进行方差分析和品种评价。表 1-3（A 组）和表 1-4（B 组）为参试品种产量的方差分析，表 1-5（A 组）和表 1-6（B 组）为参试品种的多点（随机区组）方差分析。

表 1-3　2021—2022 年度天津市冬小麦区域试验产量方差分析（试点效应固定）（A 组）

单年多点（随机区组）方差分析

性状：产量

年份：2021—2022 年度

试点：宝坻、保农仓、蓟州、优农、作物所

品种：FW-12、JM038、济麦 5172、津丰 96、津麦 5038、津农 18、津农 6 号（CK）、津农鉴 196、兰德麦 856、乐土 18、鲁原 158、农大 105、润麦 2008、小偃 155、鑫瑞麦 77、中麦 108

重复：3 次

变异来源	自由度	平方和	均方	F 值	概率（小于 0.05 显著）
试点内区组	10	2.235 60	0.223 56	1.262 38	0.257
品种	15	85.170 83	5.678 06	32.062 45	0
试点	4	505.158 85	126.289 71	713.124 07	0
品种×试点	60	78.400 62	1.306 68	7.378 45	0
误差	150	26.564 04	0.177 09		
总变异	239	697.529 95			

注：本试验的误差变异系数 CV（%）= 3.604。

表1-4　2021—2022年度天津市冬小麦区域试验产量方差分析（试点效应固定）（B组）
单年多点（随机区组）方差分析

性状：产量

年份：2021—2022年度

试点：宝坻、保农仓、蓟州、优农、作物所

品种：FH801、成麦17、济麦70、津18019、津麦0118、津麦19、津农20、津农6号（CK）、津农鉴1801、乐土702、鲁研951、农大8156、盈亿166、中麦100、中麦578、中麦806、中麦98

重复：3次

变异来源	自由度	平方和	均方	F 值	概率（小于0.05显著）
试点内区组	10	2.524 13	0.252 41	2.440 78	0.010
品种	16	32.161 03	2.010 06	19.436 89	0
试点	4	497.556 86	124.389 22	1 202.817 15	0
品种×试点	64	64.639 55	1.009 99	9.766 42	0
误差	160	16.546 38	0.103 41		
总变异	254	613.427 96			

注：本试验的误差变异系数CV（％）= 2.743。

表1-5　2021—2022年度天津市冬小麦区域试验多点（随机区组）方差分析（A组）
多重比较结果（LSD法）

品种名称	品种均值	0.05 显著性	0.01 显著性
津丰96	12.483 13	a	A
乐土18	12.264 73	ab	AB
津麦5038	12.239 47	abc	AB
鑫瑞麦77	12.214 20	abc	AB
JM038	12.181 00	abcd	AB
济麦5172	12.174 67	bcd	AB
中麦108	11.941 00	cde	BC
兰德麦856	11.902 73	de	BC
鲁原158	11.763 53	ef	C
小偃155	11.541 53	fg	CD
津农鉴196	11.299 67	gh	DE
润麦2008	11.268 33	gh	DE
FW-12	11.187 47	hi	DE
津农6号（CK）	11.149 07	hi	DE
津农18	10.957 33	i	E
农大105	10.233 33	j	F

注：LSD$_{0.05}$ = 0.304 3；LSD$_{0.01}$ = 0.401 1。

表 1-6 2021—2022 年度天津市冬小麦区域试验多点（随机区组）方差分析（B 组）

多重比较结果（LSD 法）

品种名称	品种均值	0.05 显著性	0.01 显著性
津麦 0118	12.491 33	a	A
鲁研 951	12.203 33	b	AB
农大 8156	12.164 00	b	BC
乐土 702	12.077 33	bc	BCD
成麦 17	11.882 00	cd	CDE
FH801	11.879 33	cd	CDE
济麦 70	11.790 00	de	DEF
中麦 100	11.753 33	de	EFG
津农鉴 1801	11.672 00	def	EFGH
津 18019	11.651 33	defg	EFGH
中麦 98	11.616 67	efgh	EFGH
津农 19	11.500 67	fgh	FGHI
中麦 806	11.478 67	fghi	GHI
中麦 578	11.422 00	ghi	HI
盈亿 166	11.400 67	hi	HI
津农 20	11.248 67	ij	IJ
津农 6 号（CK）	11.091 33	j	J

注：$LSD_{0.05} = 0.232\ 5$；$LSD_{0.01} = 0.306\ 5$。

（3）品种稳定性和适应度分析。

品种稳定性分析：Shukla 变异系数数值越大，品种越不稳定。各品种稳定性（Shukla 方差）分析见表 1-7（A 组）和表 1-8（B 组），各品种 Shukla 方差及其显著性检验（F 测验）见表 1-9（A 组）和表 1-10（B 组），各品种 Shukla 方差的多重比较（F 测验）见表 1-11（A 组）和表 1-12（B 组）。

表 1-7 2021—2022 年度天津市冬小麦区域试验各品种小区产量方差分析（A 组）

品种稳定性（Shukla 方差）分析法

性状：产量

年份：2021—2022 年度

试点：宝坻、保农仓、蓟州、优农、作物所

品种：FW-12、JM038、济麦 5172、津丰 96、津麦 5038、津农 18、津农 6 号（CK）、津农鉴 196、兰德麦 856、乐土 18、鲁原 158、农大 105、润麦 2008、小偃 155、鑫瑞麦 77、中麦 108

重复：3 次

变异来源	自由度	平方和	均方	F 值	概率（小于 0.05 显著）
区组	10	2.234 38	0.223 44	1.261 58	0.257
环境	4	505.158 20	126.289 55	713.059 63	0
品种	15	85.170 18	5.678 01	32.059 35	0
互作	60	78.400 13	1.306 67	7.377 75	0
误差	150	26.566 41	0.177 11		
总变异	239	697.529 30			

表 1-8　2021—2022 年度天津市冬小麦区域试验各品种小区产量方差分析（B 组）

品种稳定性（Shukla 方差）分析法

性状：产量

年份：2021—2022 年度

试点：宝坻、保农仓、蓟州、优农、作物所

品种：FH801、成麦 17、济麦 70、津 18019、津麦 0118、津农 19、津农 20、津农 6 号（CK）、津农鉴 1801、乐土 702、鲁研 951、农大 8156、盈亿 166、中麦 100、中麦 578、中麦 806、中麦 98

重复：3 次

变异来源	自由度	平方和	均方	F 值	概率（小于 0.05 显著）
区组	10	2.522 06	0.252 21	2.438 31	0.010
环境	4	497.558 59	124.389 65	1 202.590 82	0
品种	16	32.162 76	2.010 17	19.434 22	0
互作	64	64.636 72	1.009 95	9.764 12	0
误差	160	16.549 55	0.103 43		
总变异	254	613.429 69			

表 1-9　2021—2022 年度天津市冬小麦区域试验各品种 Shukla 方差及其显著性检验（F 测验）（A 组）

品种名称	DF	Shukla 方差	F 值	概率	互作方差	品种均值	Shukla 变异系数（%）
FW-12	4	1.768 77	29.960 6	0	1.709 7	11.187 5	11.887 9
JM038	4	0.968 96	16.413 0	0	0.909 9	12.181 0	8.081 1
济麦 5172	4	0.007 75	0.131 3	0.971	0	12.174 7	0.723 0
津丰 96	4	0.061 66	1.044 4	0.386	0.002 6	12.483 1	1.989 1
津麦 5038	4	0.192 90	3.267 5	0.013	0.133 9	12.239 5	3.588 4
津农 18	4	1.263 83	21.407 6	0	1.204 8	10.957 3	10.259 8
津农 6 号（CK）	4	0.024 04	0.407 2	0.803	0	11.149 1	1.390 6
津农鉴 196	4	0.221 90	3.758 7	0.006	0.162 9	11.299 7	4.168 8
兰德麦 856	4	0.440 31	7.458 3	0	0.381 3	11.902 7	5.574 9
乐土 18	4	0.279 50	4.734 4	0.001	0.220 5	12.264 7	4.310 6
鲁原 158	4	0.278 87	4.723 7	0.001	0.219 8	11.763 5	4.489 2
农大 105	4	0.220 48	3.734 6	0.006	0.161 4	10.233 3	4.588 4
润麦 2008	4	0.522 93	8.857 7	0	0.463 9	11.268 3	6.417 4
小偃 155	4	0.156 54	2.651 6	0.035	0.097 5	11.541 5	3.428 1
鑫瑞麦 77	4	0.117 58	1.991 6	0.099	0.058 5	12.214 2	2.807 4
中麦 108	4	0.442 53	7.495 9	0	0.383 5	11.941 0	5.571 0

注：DF 误差 =150；Shukla 方差误差 =0.059 04。

各品种 Shukla 方差同质性检验（Bartlett 测验）Prob. = 0.000 51 极显著，不同质，各品种稳定性差异极显著。

表 1-10　2021—2022 年度天津市冬小麦区域试验各品种 Shukla 方差及其显著性检验（F 测验）（B 组）

品种名称	DF	Shukla 方差	F 值	概率	互作方差	品种均值	Shukla 变异系数（%）
FH801	4	0.652 35	18.920 7	0	0.617 9	11.879 3	6.799 1
成麦 17	4	0.218 81	6.346 2	0	0.184 3	11.882 0	3.936 8
济麦 70	4	0.088 63	2.570 7	0.040	0.054 2	11.790 0	2.525 2
津 18019	4	0.140 28	4.068 6	0.004	0.105 8	11.651 3	3.214 6
津麦 0118	4	0.425 56	12.342 8	0	0.391 1	12.491 3	5.222 4
津农 19	4	0.265 21	7.692 2	0	0.230 7	11.500 7	4.477 9
津农 20	4	0.354 98	10.295 8	0	0.320 5	11.248 7	5.296 7
津农 6 号（CK）	4	0.100 37	2.911 0	0.023	0.065 9	11.091 3	2.856 3
津农鉴 1801	4	0.159 30	4.620 2	0.001	0.124 8	11.672 0	3.419 5
乐土 702	4	0.285 02	8.266 5	0	0.250 5	12.077 3	4.420 4
鲁研 951	4	0.498 75	14.465 6	0	0.464 3	12.203 3	5.787 1
农大 8156	4	0.648 76	18.816 6	0	0.614 3	12.164 0	6.621 7
盈亿 166	4	0.889 53	25.799 6	0	0.855 0	11.400 7	8.272 7
中麦 100	4	0.330 95	9.598 8	0	0.296 5	11.753 3	4.894 6
中麦 578	4	0.033 70	0.977 5	0.422	0	11.422 0	1.607 3
中麦 806	4	0.345 47	10.020 1	0	0.311 0	11.478 7	5.120 5
中麦 98	4	0.286 95	8.322 7	0	0.252 5	11.616 7	4.611 3

注：DF 误差 = 160；Shukla 方差误差 = 0.034 48。

各品种 Shukla 方差同质性检验（Bartlett 测验）Prob. = 0.417 97 不显著，同质，各品种稳定性差异不显著。

表 1-11　2021—2022 年度天津市冬小麦区域试验各品种 Shukla 方差的多重比较（F 测验）（A 组）

品种名称	Shukla 方差	0.05 显著性	0.01 显著性
FW-12	1.768 77	a	A
津农 18	1.263 83	ab	A
JM038	0.968 96	abc	AB
润麦 2008	0.522 93	abcd	AB
中麦 108	0.442 53	abcd	AB
兰德麦 856	0.440 31	abcd	AB
乐土 18	0.279 50	abcde	ABC
鲁原 158	0.278 87	abcde	ABC
津农鉴 196	0.221 90	bcde	ABC
农大 105	0.220 48	bcde	ABC
津麦 5038	0.192 90	cde	ABC
小偃 155	0.156 54	cde	ABC
鑫瑞麦 77	0.117 58	def	ABCD

（续表）

品种名称	Shukla 方差	0.05 显著性	0.01 显著性
津丰 96	0.061 66	ef	BCD
津农 6 号（CK）	0.024 04	fg	CD
济麦 5172	0.007 75	g	D

表 1-12　2021—2022 年度天津市冬小麦区域试验各品种 Shukla 方差的多重比较（F 测验）（B 组）

品种名称	Shukla 方差	0.05 显著性	0.01 显著性
盈亿 166	0.889 53	a	A
FH801	0.652 35	a	A
农大 8156	0.648 76	a	A
鲁研 951	0.498 75	ab	AB
津麦 0118	0.425 56	ab	AB
津农 20	0.354 98	ab	AB
中麦 806	0.345 47	ab	AB
中麦 100	0.330 95	ab	AB
中麦 98	0.286 95	ab	AB
乐土 702	0.285 02	ab	AB
津农 19	0.265 21	ab	AB
成麦 17	0.218 81	ab	AB
津农鉴 1801	0.159 30	abc	AB
津 18019	0.140 28	abc	AB
津农 6 号（CK）	0.100 37	bc	AB
济麦 70	0.088 63	bc	AB
中麦 578	0.033 70	c	B

品种适应度分析：适应度是衡量品种间适应性的指标，适应度越大说明品种适应范围越广（表 1-13 至表 1-16）。

表 1-13　2021—2022 年度天津市冬小麦区域试验品种适应度分析（A 组）

性状：产量

年份：2021—2022 年度

试点：宝坻、保农仓、蓟州、优农、作物所

品种：FW-12、JM038、济麦 5172、津丰 96、津麦 5038、津农 18、津农 6 号（CK）、津农鉴 196、兰德麦 856、乐土 18、鲁原 158、农大 105、润麦 2008、小偃 155、鑫瑞麦 77、中麦 108

重复：3 次

品种名称	品种均值	适应度（%）
FW-12	11.187 47	40.000
JM038	12.181 00	40.000
济麦 5172	12.174 67	100.000
津丰 96	12.483 13	100.000
津麦 5038	12.239 47	100.000

（续表）

品种名称	品种均值	适应度（%）
津农 18	10. 957 33	20. 000
津农 6 号（CK）	11. 149 07	0
津农鉴 196	11. 299 67	20. 000
兰德麦 856	11. 902 73	60. 000
乐土 18	12. 264 73	100. 000
鲁原 158	11. 763 53	40. 000
农大 105	10. 233 33	0
润麦 2008	11. 268 33	20. 000
小偃 155	11. 541 53	40. 000
鑫瑞麦 77	12. 214 20	80. 000
中麦 108	11. 941 00	60. 000

结果表明：济麦 5172、津丰 96、津麦 5038、兰德麦 856、乐土 18、鑫瑞麦 77、中麦 108 品种适应性广（适应度≥60%）。

表 1-14　2021—2022 年度天津市冬小麦区域试验品种适应度分析（B 组）

性状：产量

年份：2021—2022 年度

试点：宝坻、保农仓、蓟州、优农、作物所

品种：FH801、成麦 17、济麦 70、津 18019、津麦 0118、津农 19、津农 20、津农 6 号（CK）、津农鉴 1801、乐土 702、鲁研 951、农大 8156、盈亿 166、中麦 100、中麦 578、中麦 806、中麦 98

重复：3 次

品种名称	品种均值	适应度（%）
FH801	11. 879 33	60. 000
成麦 17	11. 882 00	60. 000
济麦 70	11. 790 00	60. 000
津 18019	11. 651 33	20. 000
津麦 0118	12. 491 33	80. 000
津农 19	11. 500 67	20. 000
津农 20	11. 248 67	20. 000
津农 6 号（CK）	11. 091 33	0
津农鉴 1801	11. 672 00	20. 000
乐土 702	12. 077 33	60. 000
鲁研 951	12. 203 33	80. 000
农大 8156	12. 164 00	80. 000
盈亿 166	11. 400 67	60. 000
中麦 100	11. 753 33	20. 000
中麦 578	11. 422 00	0

品种名称	品种均值	适应度（%）
中麦806	11.478 67	20.000
中麦98	11.616 67	20.000

结果表明：FH801、济麦70、成麦17、津麦0118、乐土702、鲁研951、农大8156、盈亿166品种适应性广（适应度≥60%）。

表1-15　2021—2022年度天津市冬小麦区域试验单年单点试验的误差变异系数（CV）（A组）

性状：产量

年份	试点名称	CV（%）
2021—2022	宝坻	2.521
2021—2022	保农仓	4.497
2021—2022	蓟州	2.804
2021—2022	优农	3.763
2021—2022	作物所	4.735

表1-16　2021—2022年度天津市冬小麦区域试验单年单点试验的误差变异系数（CV）（B组）

性状：产量

年份	试点名称	CV（%）
2021—2022	宝坻	2.043
2021—2022	保农仓	4.017
2021—2022	蓟州	2.381
2021—2022	优农	2.054
2021—2022	作物所	3.358

附表1-1 2021—2022年度天津市冬小麦区域试验各试点参试品种产量汇总（A组）

品种名称	试点名称	小区产量（千克）			总和（千克）	平均亩产量（千克）	比对照增减（％）
		Ⅰ	Ⅱ	Ⅲ			
中麦108	宝坻	13.475	13.224	13.126	39.825	663.75	0.89
	保农仓	10.13	11.02	10.78	31.93	532.2	5.48
	蓟州	12.78	12.64	13.61	39.03	650.50	16.26
	优农	12.18	12.48	12.02	36.68	612.87	0.94
	作物所	11.06	10.45	10.14	31.65	532.83	14.76
	平均	11.93	11.96	11.94	35.82	598.43	7.11
鑫瑞麦77	宝坻	14.315	14.598	14.50	43.413	723.56	9.98
	保农仓	11.33	11.56	10.95	33.83	564	11.78
	蓟州	12.19	12.30	13.22	37.71	628.5	12.33
	优农	12.47	12.57	12.33	37.37	624.4	2.83
	作物所	10.57	10.16	10.15	30.88	519.87	11.97
	平均	12.18	12.24	12.23	36.64	612.07	9.55
小偃155	宝坻	13.886	13.911	12.886	40.682	678.04	3.06
	保农仓	11.15	10.66	10.52	32.33	539	6.82
	蓟州	11.98	12.28	12.25	36.51	608.5	8.76
	优农	12.37	12.42	12.52	37.31	623.39	2.67
	作物所	9.69	8.24	8.36	26.29	442.59	-4.68
	平均	11.82	11.50	11.31	34.62	578.30	3.51
润麦2008	宝坻	13.026	13.148	13.321	39.495	658.25	0.05
	保农仓	11.18	11.56	10.85	33.58	559.8	10.94
	蓟州	10.42	11.43	11.28	33.13	552.17	-1.31
	优农	11.20	12.16	11.32	34.68	579.45	-4.57
	作物所	9.22	9.58	9.33	28.13	473.57	1.99
	平均	11.01	11.58	11.22	33.80	564.65	1.06
农大105	宝坻	11.427	10.854	12.419	34.70	578.33	-12.10
	保农仓	9.22	8.80	8.51	26.53	442.40	-12.34
	蓟州	10.23	10.86	10.95	32.04	534	-4.56
	优农	12.56	11.20	11.15	34.91	583.29	-3.94
	作物所	8.13	8.40	8.79	25.32	426.26	-8.19
	平均	10.31	10.02	10.36	30.70	512.86	-8.21
鲁原158	宝坻	13.792	13.435	13.436	40.663	677.72	3.01
	保农仓	10.78	10.58	10.10	31.46	524.40	3.92
	蓟州	12.52	12.15	13.05	37.72	628.67	12.36
	优农	13.24	13.12	13.35	39.71	663.50	9.27
	作物所	9.19	8.66	9.05	26.90	452.86	-2.47
	平均	11.90	11.59	11.80	35.29	589.43	5.50

（续表）

品种名称	试点名称	小区产量（千克）			总和（千克）	平均亩产量（千克）	比对照增减（%）
		I	II	III			
乐土18	宝坻	14.059	13.14	13.882	42.305	684.69	4.07
	保农仓	11.38	12.27	12.19	35.83	597.40	18.39
	蓟州	12.32	12.26	12.75	37.33	622.17	11.20
	优农	13.28	13.14	13.23	39.65	662.49	9.11
	作物所	9.86	9.87	10.34	30.07	506.23	9.03
	平均	12.18	12.14	12.48	37.04	614.60	10.00
兰德麦856	宝坻	14.707	14.327	14.357	43.391	723.18	9.92
	保农仓	10.35	9.42	10.37	30.14	502.50	−0.42
	蓟州	12.89	12.64	12.66	38.19	636.50	13.76
	优农	11.64	11.89	12.63	36.16	604.18	−0.50
	作物所	10.29	10.51	9.86	30.66	516.16	11.17
	平均	11.98	11.76	11.98	35.71	596.50	6.76
津农鉴196	宝坻	12.38	12.564	12.461	37.404	623.40	−5.25
	保农仓	10.82	10.19	10.60	31.61	527	4.45
	蓟州	12.19	11.55	12.17	35.91	598.50	6.97
	优农	12.11	12.40	12.02	36.53	610.36	0.52
	作物所	9.77	9.07	9.20	28.04	472.06	1.67
	平均	11.45	11.15	11.29	33.90	566.26	1.35
津农6号（CK）	宝坻	12.981	13.23	13.265	39.476	657.93	0
	蓟州	11.39	10.85	11.33	33.57	559.50	—
	优农	11.94	12.29	12.11	36.34	607.19	0
	作物所	9.44	9.17	8.97	27.58	464.31	—
	保农仓	9.92	10.69	9.66	30.27	504.60	—
	平均	11.13	11.25	11.07	33.45	558.71	
津农18	宝坻	13.798	13.852	13.54	39.791	686.50	4.34
	保农仓	9.96	10.36	9.64	29.96	499.40	−1.02
	蓟州	12.13	11.68	11.77	35.58	593	5.99
	优农	9.02	9.89	10.90	29.81	498.08	−17.97
	作物所	9.51	9.37	8.94	27.82	468.35	0.87
	平均	10.88	11.03	10.96	32.59	549.07	−1.73
津麦5038	宝坻	13.982	14.019	13.261	41.263	687.71	4.53
	保农仓	11.28	12.23	11.79	35.31	588.7	16.66
	蓟州	12.47	12.86	12.69	38.02	633.67	13.26
	优农	13.90	13.01	12.63	39.54	660.65	8.81
	作物所	9.12	9.45	10.90	29.47	496.13	6.85
	平均	12.15	12.31	12.25	36.72	613.37	9.78

（续表）

品种名称	试点名称	小区产量（千克）			总和（千克）	平均亩产量（千克）	比对照增减（%）
		I	II	III			
津丰96	宝坻	14.741	14.203	14.763	43.707	728.45	10.72
	保农仓	10.87	10.69	11.06	32.62	543.80	7.76
	蓟州	12.57	13.41	13.57	39.55	659.17	17.81
	优农	13.35	13.24	13.18	39.77	664.50	9.44
	作物所	10.71	9.99	10.90	31.60	531.99	14.58
	平均	12.45	12.31	12.69	37.45	625.58	11.97
济麦5172	宝坻	14.51	14.198	13.952	42.661	711.01	8.07
	保农仓	10.62	11.45	11.61	33.68	561.40	11.26
	蓟州	12	12.51	12.78	37.29	621.50	11.08
	优农	12.14	13.74	12.52	38.40	641.61	5.67
	作物所	9.95	9.85	10.79	30.59	514.99	10.91
	平均	11.84	12.35	12.33	36.52	610.10	9.20
JM038	宝坻	14.901	14.884	14.60	44.386	739.76	12.44
	保农仓	10.31	10.14	10.50	30.95	515.90	2.24
	蓟州	11.74	12.14	11.88	35.76	596	6.52
	优农	14.35	14.39	14.34	43.08	719.80	18.55
	作物所	9.55	9.07	9.92	28.54	480.47	3.48
	平均	12.17	12.12	12.25	36.54	610.39	9.25
FW-12	宝坻	13.773	14.087	14.142	42.002	700.03	6.40
	保农仓	9.05	7.27	8.85	25.17	419.60	-16.85
	蓟州	10.82	11.68	11.05	33.55	559.17	-0.06
	优农	13.84	13.50	13.56	40.90	683.38	12.55
	作物所	9.08	8.91	8.20	26.19	440.91	-5.04
	平均	11.31	11.09	11.16	33.56	560.62	0.34

附表 1-2 2021—2022 年度天津市冬小麦区域试验各试点参试品种产量汇总（B 组）

品种名称	试点名称	小区产量（千克）			总和（千克）	平均亩产量（千克）	比对照增减（%）
		I	II	III			
中麦98	宝坻	13.65	13.67	13.32	40.63	677.23	3.12
	保农仓	9.97	10.24	10.85	31.05	517.60	0.72
	蓟州	12.62	13.10	13.23	38.95	649.17	17.11
	优农	11.62	11.21	11.73	34.56	577.45	-0.66
	作物所	9.67	9.91	9.46	29.04	488.89	3.38
	平均	11.51	11.63	11.72	34.85	582.07	4.72

品种名称	试点名称	小区产量（千克）			总和（千克）	平均亩产量（千克）	比对照增减（%）
		I	II	III			
中麦806	宝坻	13.43	13.41	13.75	40.59	676.44	3.00
	保农仓	10.59	9.59	10.11	30.29	505.00	−1.74
	蓟州	10.99	11.80	11.83	34.62	577.00	4.09
	优农	13.14	12.68	13.01	38.83	648.79	11.61
	作物所	9.19	9.37	9.29	27.85	468.86	−0.85
	平均	11.47	11.37	11.60	34.44	575.22	3.49
中麦578	宝坻	13.80	13.39	13.44	40.62	677.04	3.09
	保农仓	9.61	9.60	10.73	29.94	499.10	−2.89
	蓟州	12.15	11.69	12.18	36.02	600.33	8.30
	优农	12.41	12.11	11.85	36.37	607.69	4.54
	作物所	9.62	9.59	9.16	28.37	477.61	1.00
	平均	11.52	11.28	11.47	34.26	572.35	2.97
中麦100	宝坻	13.23	13.50	13.16	39.89	664.77	1.22
	保农仓	10.11	10.63	11.01	31.76	529.50	3.03
	蓟州	12.06	12.28	12.13	36.47	607.83	9.65
	优农	11.76	12.14	12.14	36.04	602.18	3.59
	作物所	10.96	10.33	10.86	32.15	541.25	14.45
	平均	11.62	11.78	11.86	35.26	589.11	5.98
盈亿166	宝坻	13.56	14.14	13.83	41.53	692.17	5.39
	保农仓	9.53	10.07	10.07	29.67	494.60	−3.75
	蓟州	12.83	13.17	12.85	38.85	647.50	16.81
	优农	10.31	10.95	10.52	31.78	531.00	−8.65
	作物所	9.57	9.62	9.99	29.18	491.25	3.88
	平均	11.16	11.59	11.45	34.20	571.30	2.78
农大8156	宝坻	14.48	13.91	14.57	42.97	716.10	9.03
	保农仓	12.18	11.26	11.16	34.61	576.90	12.27
	蓟州	12.82	12.92	12.87	38.61	643.50	16.09
	优农	11.40	11.07	11.53	34.00	568.09	−2.27
	作物所	10.65	11.19	10.45	32.29	543.61	14.95
	平均	12.31	12.07	12.12	36.50	609.64	9.68
鲁研951	宝坻	14.43	14.18	14.40	43.01	716.88	9.15
	保农仓	9.97	9.80	10.62	30.39	506.60	−1.41
	蓟州	13.43	13.10	13.01	39.54	659.00	18.88
	优农	13.33	13.55	13.44	40.32	673.69	15.90
	作物所	9.68	9.90	10.21	29.79	501.52	6.05
	平均	12.17	12.11	12.34	36.61	611.54	10.02

（续表）

品种名称	试点名称	小区产量（千克）			总和（千克）	平均亩产量（千克）	比对照增减（%）
		I	II	III			
乐土702	宝坻	13.90	13.94	13.45	41.29	688.17	4.78
	保农仓	11.34	11.58	12.17	35.09	584.90	13.83
	蓟州	12.17	12.32	12.12	36.61	610.17	10.07
	优农	13.17	12.96	12.94	39.07	652.80	12.30
	作物所	10.02	9.84	9.24	29.10	489.90	3.60
	平均	12.12	12.13	11.98	36.23	605.19	8.88
津农鉴1801	宝坻	13.93	13.34	13.46	40.72	678.68	3.34
	保农仓	11.11	11.72	10.92	33.76	562.80	9.51
	蓟州	11.83	11.45	11.97	35.25	587.50	5.98
	优农	11.75	12.54	12.25	36.54	610.53	5.03
	作物所	9.98	9.27	9.56	28.81	485.02	2.56
	平均	11.72	11.66	11.63	35.02	584.91	5.23
津农6号（CK）	宝坻	12.72	13.41	13.28	39.41	656.76	
	蓟州	10.91	11.29	11.06	33.26	554.33	
	优农	11.45	11.77	11.57	34.79	581.29	
	作物所	9.46	9.37	9.26	28.09	472.90	
	保农仓	9.70	10.48	10.64	30.83	513.90	
	平均	10.85	11.26	11.16	33.28	555.84	0
津农20	宝坻	14.17	14.00	13.44	41.61	693.49	5.59
	保农仓	9.82	11.19	10.13	31.14	519.10	1.01
	蓟州	11.15	12.01	12.12	35.28	588.00	6.07
	优农	10.94	10.41	11.06	32.41	541.52	−6.84
	作物所	9.88	9.12	9.29	28.29	476.27	0.71
	平均	11.19	11.35	11.21	33.75	563.68	1.41
津农19	宝坻	13.57	13.57	13.50	40.64	677.27	3.12
	保农仓	9.99	9.84	10.80	30.64	510.70	−0.62
	蓟州	11.50	11.51	11.98	34.99	583.17	5.20
	优农	12.60	12.81	13.18	38.59	644.78	10.92
	作物所	8.67	9.39	9.60	27.66	465.66	−1.53
	平均	11.27	11.42	11.81	34.50	576.32	3.68
津麦0118	宝坻	13.76	13.52	13.75	41.03	683.79	4.12
	保农仓	11.87	12.44	12.61	36.91	615.30	19.74
	蓟州	13.55	12.91	13.34	39.80	663.33	19.66
	优农	12.91	12.80	13.19	38.90	649.96	11.81
	作物所	10.65	10.44	9.63	30.72	517.17	9.36
	平均	12.55	12.42	12.50	37.47	625.91	12.61

（续表）

品种名称	试点名称	小区产量（千克）			总和（千克）	平均亩产量（千克）	比对照增减（%）
		I	II	III			
津18019	宝坻	13.71	13.70	13.34	40.75	679.16	3.41
	保农仓	10.17	10.84	10.44	31.45	524.30	2.02
	蓟州	12.08	12.15	12.02	36.25	604.17	8.99
	优农	11.44	11.93	12.05	35.42	591.82	1.81
	作物所	9.98	10.27	10.65	30.90	520.20	10.00
	平均	11.48	11.78	11.70	34.95	583.93	5.05
济麦70	宝坻	13.74	13.73	14.37	41.84	697.26	6.17
	保农仓	10.22	10.78	10.81	31.82	530.40	3.21
	蓟州	11.96	12.74	12.62	37.32	622.00	12.21
	优农	12.68	12.77	12.48	37.93	633.75	9.03
	作物所	9.49	9.24	9.22	27.95	470.54	-0.50
	平均	11.62	11.85	11.90	35.37	590.79	6.29
成麦17	宝坻	14.58	14.30	13.65	42.54	708.92	7.94
	保农仓	11.00	11.71	11.47	34.18	569.90	10.89
	蓟州	12.09	11.62	12.19	35.90	598.33	7.94
	优农	12.44	12.60	12.38	37.42	625.23	7.56
	作物所	9.40	9.17	9.63	28.20	474.75	0.39
	平均	11.90	11.88	11.86	35.65	595.43	7.12
FH801	宝坻	13.91	14.23	13.72	41.86	697.71	6.23
	保农仓	10.07	9.60	10.68	30.35	505.90	-1.56
	蓟州	12.80	12.13	12.95	37.88	631.33	13.89
	优农	13.55	13.72	13.34	40.61	678.53	16.73
	作物所	9.10	9.01	9.38	27.49	462.80	-2.14
	平均	11.89	11.74	12.01	35.64	595.25	7.09

附表1-3　2021—2022年度天津市冬小麦区域试验参试品种（系）室内考种结果汇总（A组）*

品种名称	试点名称	穗型	壳色	芒	每穗粒数			粒色	籽粒饱满度	粒质	黑胚率（%）	千粒重（克）			容重（克/升）		
					第I重复	第II重复	平均					第I重复	第II重复	平均	第I重复	第II重复	平均
中麦108	宝坻	3	1	5	34.7	34.5	34.6	1	1	1	0	41.5	41.3	41.4	787.0	791.0	789.0
	保农仓	3	1	5	38.5	42.6	40.6	1	2	3	2.6	50.5	50.8	50.7	809.0	814.0	811.5
	蓟州	1	1	5	39.1	38.3	38.7	1	2	5	2.5	45.1	45.5	45.3	786.0	786.0	786.0
	优农	3	1	5	45.1	45.0	45.1	5	1	1	0	36.1	36.1	36.1	755.0	761.0	758.0
	作物所	1	1	5	29.2	32.0	30.6	1	3	3	2.0	45.8	46.2	46.0	790.0	802.0	796.0
	平均						37.9							43.9			788.1
鑫瑞麦77	宝坻	3	1	5	34.1	34.3	34.2	3	2	1	0	40.5	40.3	40.4	787.0	789.0	788.0
	保农仓	3	1	5	37.4	35.3	36.4	1	2	1	2.5	48.3	48.5	48.4	805.0	800.0	802.5
	蓟州	1	1	5	37.8	37.2	37.5	1	2	3	2.5	45.2	45.3	45.3	819.0	818.0	819.0
	优农	3	1	5	37.5	39.6	38.6	5	1	1	0	38.6	38.7	38.6	693.0	705.0	699.0
	作物所	1	1	5	27.3	31.1	29.2	1	2	3	0	46.3	45.5	45.9	804.0	810.0	807.0
	平均						35.2							43.7			783.1
小偃155	宝坻	3	1	5	23.3	23.8	23.6	1	2	1	0	51.6	51.2	51.4	798.0	802.0	800.0
	保农仓	1	1	5	30.8	31.2	31.0	1	2	1	1.9	53.6	53.9	53.7	807.0	811.0	809.0
	蓟州	1	1	5	32.2	33.1	32.7	3	3	3	11.0	54.6	54.8	54.7	806.0	804.0	805.0
	优农	5	1	5	33.6	35.9	34.8	5	1	1	0	46.0	45.7	45.8	763.0	761.0	762.0
	作物所	1	1	5	28.0	26.0	27.0	1	2	1	0	49.9	49.9	49.9	798.0	790.0	794.0
	平均						29.8							51.1			794.0
润麦2008	宝坻	3	1	5	35.3	35.6	35.5	1	1	1	0	42.6	42.3	42.5	805.0	809.0	807.0
	保农仓	1	1	5	42.8	40.9	41.9	2	2	3	3.1	49.4	49.6	49.5	813.0	816.0	814.5
	蓟州	1	1	5	36.1	35.9	36.0	1	2	3	4.5	46.4	46.1	46.3	812.0	809.0	811.0
	优农	5	1	5	52.7	51.1	51.9	5	1	1	0	32.2	32.3	32.2	747.0	749.0	748.0
	作物所	1	1	5	31.8	34.4	33.1	1	2	1	0	42.2	42.6	42.4	804.0	804.0	804.0
	平均						39.7							42.6			796.9

* 本章相关记载项目和标准依据《农作物品种（小麦）区域试验技术规程》（NY/T 1301—2007）

品种名称	试点名称	穗型	壳色	芒	每穗粒数			粒色	籽粒饱满度	粒质	黑胚率（%）	千粒重（克）			容重（克/升）		
					第Ⅰ重复	第Ⅱ重复	平均					第Ⅰ重复	第Ⅱ重复	平均	第Ⅰ重复	第Ⅱ重复	平均
农大105	宝坻	1	1	5	17.4	17.6	17.5	5	1	1	0	46.7	46.5	46.6	792.0	792.0	792.0
	保农仓	1	1	5	32.2	32.4	32.3	1	2	3	3.4	58.0	57.5	57.8	810.0	812.0	811.0
	蓟州	1	1	5	29.1	28.4	28.8	5	3	3	5.5	48.7	48.3	48.5	810.0	811.0	811.0
	优农	3	1	5	30.6	31.9	31.3	3	1	1	0	42.1	42.4	42.3	752.0	750.0	751.0
	作物所	1	1	5	19.5	18.3	18.9	5	2	3	0	55.4	56.0	55.7	780.0	790.0	785.0
	平均						25.8							50.2			790.0
鲁原158	宝坻	3	1	5	37.3	37.1	37.2	3	2	1	0	50.5	50.2	50.4	759.0	762.0	760.5
	保农仓	3	1	5	34.4	37.3	35.9	1	2	3	3.1	53.9	53.3	53.6	802.0	799.0	800.5
	蓟州	1	1	5	34.5	35.5	35.0	1	3	3	5.5	50.1	49.7	49.9	781.0	782.0	782.0
	优农	3	1	5	38.4	40.7	39.6	5	1	1	0	40.2	40.1	40.1	725.0	723.0	724.0
	作物所	1	1	5	29.3	28.9	29.1	1	3	3	0	48.9	50.3	49.6	770.0	760.0	765.0
	平均						35.4							48.7			766.4
乐土18	宝坻	3	1	5	30.6	30.4	30.5	3	2	1	0	40.4	40.6	40.5	788.0	790.0	789.0
	保农仓	3	1	5	28.8	33.6	31.2	1	2	3	5.4	52.8	53.0	52.9	822.0	818.0	820.0
	蓟州	1	1	5	32.4	33.6	33.0	3	2	3	22.5	52.0	52.1	52.1	815.0	814.0	815.0
	优农	3	1	5	39.2	37.3	38.3	5	1	1	0	37.9	38.3	38.1	708.0	709.0	708.5
	作物所	1	1	5	27.9	30.9	29.4	1	2	1	3.0	47.3	48.9	48.1	790.0	796.0	793.0
	平均						32.5							46.3			785.1
兰德麦856	宝坻	3	1	5	26.5	26.6	26.6	3	2	1	0	45.4	45.4	45.4	740.0	740.0	740.0
	保农仓	3	1	5	30.8	31.4	31.1	1	2	3	3.7	52.3	51.9	52.1	805.0	810.0	807.5
	蓟州	1	1	5	32.4	33.4	32.9	3	3	3	6.0	51.5	51.9	51.7	786.0	786.0	786.0
	优农	3	1	5	33.4	35.5	34.5	3	1	1	0	43.9	44.2	44.0	693.0	692.0	692.5
	作物所	1	1	5	25.7	24.9	25.3	1	3	1	3.0	55.7	54.9	55.3	786.0	768.0	777.0
	平均						30.1							49.7			760.6

（续表）

品种名称	试点名称	穗型	売色	芒	每穗粒数 第Ⅰ重复	每穗粒数 第Ⅱ重复	每穗粒数 平均	粒色	籽粒饱满度	粒质	黑胚率（%）	千粒重（克） 第Ⅰ重复	千粒重（克） 第Ⅱ重复	千粒重（克） 平均	容重（克/升） 第Ⅰ重复	容重（克/升） 第Ⅱ重复	容重（克/升） 平均
津农鉴 196	宝坻	1	1	5	32.6	32.3	32.5	3	1	1	0	45.8	45.5	45.7	808.0	803.0	805.5
	保农仓	3	1	5	38.2	39.2	38.7	1	2	1	3.5	50.2	50.4	50.3	820.0	817.0	818.5
	蓟州	1	1	5	36.2	35.8	36.0	1	2	3	6.0	46.6	47.1	46.9	836.0	836.0	836.0
	优农	5	1	5	31.5	32.3	31.9	5	1	1	0	32.2	32.0	32.1	736.0	734.0	735.0
	作物所	1	1	5	31.6	32.0	31.8	1	2	1	0	47.0	48.2	47.6	802.0	814.0	808.0
	平均						34.2							44.5			800.6
津农 6 号（CK）	宝坻	1	1	5	21.6	21.9	21.8	3	2	1	0	45.8	45.5	45.7	798.0	800.0	799.0
	蓟州	1	1	5	28.1	29.5	28.8	1	2	3	4.5	54.6	54.2	54.4	798.0	799.0	799.0
	优农	3	1	5	35.7	33.1	34.4	5	1	1	0	42.8	43.2	43.0	733.0	730.0	731.5
	作物所	1	1	5	25.8	26.0	25.9	1	3	1	2.0	50.4	50.4	50.4	785.0	793.0	789.0
	保农仓	1	1	5	35.0	31.8	33.4	1	2	1	2.9	55.6	55.5	55.6	817.0	813.0	815.0
	平均						28.9							49.8			786.7
津麦 18	宝坻	1	1	5	27.8	27.5	27.7	3	1	1	0	37.3	37.2	37.3	786.0	789.0	787.5
	保农仓	1	1	5	34.2	33.8	34.0	1	2	3	4.1	50.2	50.3	50.2	825.0	823.0	824.0
	蓟州	1	1	5	33.9	34.7	34.3	3	2	3	9.5	46.0	45.8	45.9	828.0	825.0	827.0
	优农	5	1	5	32.5	34.6	33.6	5	1	1	0	34.2	33.9	34.1	745.0	748.0	746.5
	作物所	1	1	5	27.1	29.7	28.4	1	2	1	0	42.7	40.9	41.8	801.0	811.0	806.0
	平均						31.6							41.9			798.2
津麦 5038	宝坻	3	1	5	28.3	28.5	28.4	3	3	1	0	41.7	41.5	41.6	747.0	748.0	747.5
	保农仓	3	1	5	33.0	37.4	35.2	1	1	3	4.7	52.5	52.7	52.6	800.0	795.0	797.5
	蓟州	1	1	5	34.3	33.7	34.0	3	2	3	5.0	50.7	50.4	50.6	818.0	817.0	818.0
	优农	3	1	5	38.0	40.8	39.4	5	1	1	0	45.3	45.1	45.2	665.0	663.0	664.0
	作物所	1	1	5	30.0	29.2	29.6	1	3	1	2.0	51.4	49.6	50.5	794.0	786.0	790.0
	平均						33.3							48.1			763.4

（续表）

品种名称	试点名称	穗型	壳色	芒	每穗粒数 第Ⅰ重复	每穗粒数 第Ⅱ重复	每穗粒数 平均	粒色	籽粒饱满度	粒质	黑胚率（%）	千粒重（克）第Ⅰ重复	千粒重（克）第Ⅱ重复	千粒重（克）平均	容重（克/升）第Ⅰ重复	容重（克/升）第Ⅱ重复	容重（克/升）平均
津丰96	宝坻	3	1	5	36.8	36.6	36.7	3	2	1	0	46.3	46.5	46.4	795.0	792.0	793.5
	保农仓	1	1	5	38.3	39.0	38.7	3	2	1	4.2	52.4	52.8	52.6	814.0	813.0	813.5
	蓟州	1	1	5	36.6	36.4	36.5	3	3	3	23.0	47.0	46.8	46.9	815.0	814.0	815.0
	优农	3	1	5	49.6	49.8	49.7	5	1	1	0	43.5	43.2	43.4	713.0	714.0	713.5
	作物所	1	1	5	30.2	33.0	31.6	1	3	1	1.0	47.7	47.9	47.8	799.0	795.0	797.0
	平均						38.6							47.4			786.5
济麦5172	宝坻	3	1	5	34.1	34.4	34.3	3	2	1	0	41.8	41.4	41.6	813.0	810.0	811.5
	保农仓	3	1	5	34.8	33.2	34.0	3	2	3	2.1	49.2	49.5	49.4	819.0	823.0	821.0
	蓟州	1	1	5	35.2	35.6	35.4	1	2	3	2.5	46.8	46.7	46.8	811.0	809.0	810.0
	优农	3	1	5	45.6	43.2	44.4	5	1	1	0	38.2	38.4	38.3	726.0	725.0	725.5
	作物所	1	1	5	31.1	31.9	31.5	1	2	2	0	49.2	49.2	49.2	811.0	799.0	805.0
	平均						35.9							45.1			794.6
JM038	宝坻	3	1	4	27.3	27.5	27.4	3	2	1	0	44.4	44.3	44.4	780.0	784.0	782.0
	保农仓	3	1	5	40.8	44.6	42.7	1	2	3	3.3	52.1	52.4	52.2	796.0	798.0	797.0
	蓟州	1	1	5	33.5	32.7	33.1	3	3	3	16.0	50.1	50.0	50.1	808.0	810.0	809.0
	优农	5	1	5	49.0	48.3	48.7	5	1	1	0	42.7	42.8	42.7	719.0	713.0	716.0
	作物所	1	1	5	30.8	29.0	29.9	1	3	3	2.0	49.6	50.4	50.0	800.0	810.0	805.0
	平均						36.4							47.9			781.8
FW-12	宝坻	1	1	4	25.4	25.6	25.5	3	2	1	0	51.5	51.6	51.6	785.0	784.0	784.5
	保农仓	3	1	5	36.6	35.6	36.1	1	2	1	4.0	50.7	50.4	50.5	808.0	803.0	805.5
	蓟州	1	1	5	31.2	31.8	31.5	3	3	3	24.5	47.5	47.3	47.4	786.0	788.0	787.0
	优农	3	1	5	34.2	36.2	35.2	3	1	1	0	51.0	51.1	51.0	713.0	716.0	714.5
	作物所	1	1	5	27.3	26.9	27.1	1	3	1	3.0	52.3	51.3	51.8	764.0	772.0	768.0
	平均						31.1							50.5			771.9

附表 1-4 2021—2022 年度天津市冬小麦区域试验参试品种（系）室内考种结果汇总（B 组）

品种名称	试点名称	穗型	壳色	芒	每穗粒数 第I重复	每穗粒数 第II重复	每穗粒数 平均	粒色	籽粒饱满度	粒质	黑胚率（%）	千粒重（克）第I重复	千粒重（克）第II重复	千粒重（克）平均	容重（克/升）第I重复	容重（克/升）第II重复	容重（克/升）平均
中麦98	宝坻	1	1	5	31.5	31.8	31.7	3	2	1	0	32.7	32.5	32.6	811	806	808.5
	保农仓	1	1	5	36.2	36	36.1	1	2	3	3.5	49.46	49.31	49.39	833	832	832.5
	蓟州	1	1	5	37.1	38.5	37.8	1	3	3	0	43.3	43.1	43.2	824	820	822
	优农	3	1	5	37.6	39.1	38.4	5	1	1	0	34.9	35	34.95	760	760	760
	作物所	1	1	5	31.4	30.2	30.8	1	2	3	0	42.9	42.7	42.8	816	814	815
	平均						35							40.59			807.6
中麦806	宝坻	1	1	5	25.9	25.4	25.7	3	1	1	0	46.2	46.2	46.2	798	797	797.5
	保农仓	1	1	5	33.8	28.6	31.2	1	1	3	2.3	51.71	52.08	51.9	804	813	808.5
	蓟州	1	1	5	28.4	30.1	29.3	3	3	3	26.5	49.4	49.3	49.4	812	812	812
	优农	5	1	5	32.1	33.6	32.9	5	1	1	0	47.1	47.6	47.35	735	731	733
	作物所	1	1	5	28.2	25.8	27	1	2	1	2	50.7	51.5	51.1	797	806	802
	平均						29.2							49.19			790.6
中麦578	宝坻	1	1	5	29	29.4	29.2	3	1	1	0	53.8	53.6	53.7	784	786	785
	保农仓	3	1	5	33	32.5	32.8	1	2	3	3.5	56.78	56.42	56.6	800	800	800
	蓟州	1	1	5	30.8	30.3	30.6	1	2	3	13.5	54.8	54.3	54.6	788	788	788
	优农	3	1	5	32.7	29.3	31	5	1	1	0	49.4	49.3	49.35	740	738	739
	作物所	1	1	5	22.8	27.6	25.2	1	3	1	0	59.4	58.8	59.1	794	796	795
	平均						29.8							54.67			781.4
中麦100	宝坻	1	1	5	29.4	29.6	29.5	1	1	1	0	45.6	45.4	45.5	805	807	806
	保农仓	1	1	5	33.6	32.8	33.2	1	2	3	3.5	50.29	50.76	50.53	817	823	820.2
	蓟州	1	1	5	36	37.1	36.6	1	3	3	0.5	47.3	47.1	47.2	814	815	815
	优农	3	1	5	34.6	35.9	35.3	5	1	1	0	40.8	41.3	41.05	734	738	736
	作物所	1	1	5	30.6	29.4	30	1	2	3	0	46.2	45.4	45.8	798	796	797
	平均						32.9							46.02			794.8

（续表）

品种名称	试点名称	穗型	壳色	芒	每穗粒数 第Ⅰ重复	每穗粒数 第Ⅱ重复	每穗粒数 平均	粒色	籽粒饱满度	粒质	黑胚率（%）	千粒重（克） 第Ⅰ重复	千粒重（克） 第Ⅱ重复	千粒重（克） 平均	容重（克/升） 第Ⅰ重复	容重（克/升） 第Ⅱ重复	容重（克/升） 平均
盈亿166	宝坻	3	1	5	26.8	26.7	26.8	3	3	1	0	42.4	42.6	42.5	777	778	777.5
	保农仓	3	1	5	33.5	29.6	31.6	1	3	3	3.5	53.68	53.3	53.49	808	813	810.5
	蓟州	1	1	5	35.7	36.8	36.3	1	3	3	7.5	48.7	48.6	48.7	815	817	816
	优农	5	1	5	39.5	36.9	38.2	5	1	1	0	35.6	35.7	35.65	705	706	705.5
	作物所	1	1	5	28.9	28.3	28.6	1	3	1	0	45	46.8	45.9	792	798	795
	平均						32.3							45.25			780.9
农大8156	宝坻	1	1	5	28.4	28.6	28.5	3	2	1	0	41.5	41.6	41.6	802	800	801
	保农仓	3	1	5	34.2	33.0	33.6	1	2	1	4.8	52.7	53.1	52.9	811	816	813.5
	蓟州	1	1	5	33.8	33.4	33.6	1	3	3	7.5	52.5	52.8	52.7	808	804	806
	优农	3	1	5	39.4	40.8	40.1	5	1	1	0	31.4	31.5	31.45	764	769	766.5
	作物所	1	1	5	27.2	29.2	28.2	1	2	2	0	50.4	49.2	49.8	810	802	806
	平均						32.8							45.69			798.6
鲁研951	宝坻	3	1	5	31.5	31.6	31.6	5	2	1	0	43.7	43.5	43.6	788	790	789
	保农仓	1	1	5	27.6	26.2	26.9	1	3	3	2.4	53.74	53.82	53.78	797	797	797
	蓟州	1	1	5	33.1	33.8	33.5	1	2	3	4.5	53.2	53	53.1	804	806	805
	优农	3	1	5	38.4	40.0	39.2	5	1	1	0	40.6	40.7	40.65	711	711	711
	作物所	1	1	5	31.2	28.8	30.0	1	3	3	0	48.2	49.2	48.7	776	768	772
	平均						32.2							47.97			774.8
乐土702	宝坻	1	1	5	32.6	32.4	32.5	3	1	1	0	48.3	48.8	48.6	802	803	802.5
	保农仓	3	1	5	32.7	36.0	34.4	1	2	3	0.7	55.12	55.55	55.34	818	817	817.5
	蓟州	1	1	5	35.5	33.8	34.7	1	3	3	16.5	51.8	52	51.9	811	811	811
	优农	3	1	5	43.5	46.4	45.0	5	1	1	0	45.9	46.1	46	738	733	735.5
	作物所	1	1	5	29.3	27.9	28.6	1	3	3	0	47.7	49.1	48.4	798	796	797
	平均						35.0							50.05			792.7

（续表）

品种名称	试点名称	穗型	壳色	芒	每穗粒数			粒色	籽粒饱满度	粒质	黑胚率（%）	千粒重（克）			容重（克/升）		
					第Ⅰ重复	第Ⅱ重复	平均					第Ⅰ重复	第Ⅱ重复	平均	第Ⅰ重复	第Ⅱ重复	平均
津农鉴1801	宝坻	1	1	5	22.7	22.4	22.6	5	1	3	0	40.9	40.8	40.9	804	805	804.5
	保农仓	1	1	5	35.6	35.0	35.3	3	2	3	3.3	53.94	54.31	54.13	817	821	819
	蓟州	1	1	5	31.5	30.9	31.2	3	3	3	8	51.5	51.2	51.4	829	828	829
	优农	5	1	5	34.1	32.8	33.5	5	1	1	0	39.7	39.6	39.65	760	763	761.5
	作物所	1	1	5	26.1	25.5	25.8	5	3	1	0	50.2	49.2	49.7	778	770	774
	平均						29.7							47.16			797.6
津农6号（CK）	宝坻	1	1	5	21.6	21.8	21.7	3	2	1	0	48.4	48.6	48.5	798	801	799.5
	蓟州	1	1	5	28.4	29.7	29.1	3	3	3	22	54.1	54.5	54.3	799	797	798
	优农	3	1	5	31.2	29.3	30.3	5	1	1	0	44	44.2	44.1	746	750	748
	作物所	1	1	5	26.5	27.1	26.8	1	3	1	2	49.1	50.1	49.6	792	800	796
	保农仓	1	1	5	30.6	33.8	32.2	1	2	1	3.2	55.66	55.39	55.53	807	811	809
	平均						28.0							50.41			790.1
津农20	宝坻	1	1	5	24.2	24.6	24.4	3	1	1	0	50	49.8	49.9	799	803	801
	保农仓	1	1	5	26.2	31.8	29	1	1	3	2.1	53.48	53.8	53.64	811	806	808.5
	蓟州	1	1	5	28.5	27.8	28.2	1	3	3	9	58.5	58.9	58.7	801	803	802
	优农	5	1	5	29.7	25.5	27.6	5	1	1	0	35.2	34.7	34.95	749	748	748.5
	作物所	1	1	5	25.9	22.5	24.2	1	2	1	0	53.6	53.8	53.7	792	790	791
	平均						26.7							50.18			790.2
津农19	宝坻	5	1	5	39.9	39.6	39.8	3	1	1	0	41	41.2	41.1	810	815	812.5
	保农仓	3	1	5	35.8	37.2	36.5	3	1	3	2.5	47.44	47.94	47.69	821	822	821.5
	蓟州	1	1	5	36.1	36.7	36.4	1	3	3	0.5	45.3	44.9	45.1	794	793	794
	优农	3	1	5	40.3	39.1	39.7	5	1	1	0	39	38.8	38.9	761	766	763.5
	作物所	1	1	5	31.6	32.2	31.9	1	3	1	1	43.8	44.2	44	806	812	809
	平均						36.9							43.36			800.1

（续表）

品种名称	试点名称	穗型	壳色	芒	每穗粒数 第Ⅰ重复	每穗粒数 第Ⅱ重复	每穗粒数 平均	粒色	籽粒饱满度	粒质	黑胚率（%）	千粒重（克）第Ⅰ重复	千粒重（克）第Ⅱ重复	千粒重（克）平均	容重（克/升）第Ⅰ重复	容重（克/升）第Ⅱ重复	容重（克/升）平均
津麦0118	宝坻	1	1	5	23.2	23.5	23.4	3	1	1	0	42.8	42.6	42.7	797	796	796.5
	保农仓	1	1	5	34.8	35.8	35.3	1	2	3	3.1	55.24	54.75	55	818	814	816
	蓟州	1	1	5	34.0	33.2	33.6	1	2	1	7.5	50.9	50.5	50.7	819	821	820
	优农	5	1	5	33.7	37.3	35.5	5	1	1	0	37.7	37.5	37.6	725	726	725.5
	作物所	1	1	5	31.7	26.5	29.1	1	2	1	0	48.1	49.3	48.7	804	810	807
	平均						31.4							46.94			793
津18019	宝坻	1	1	5	21.2	21.5	21.4	1	1	3	0	40.5	40.3	40.4	793	793	793
	保农仓	1	1	5	33.7	32.0	32.9	1	1	3	3.1	50.46	50.67	50.57	820	817	818.5
	蓟州	1	1	5	32.3	32.9	32.6	1	3	3	4.5	49.3	49.1	49.2	811	810	811
	优农	3	1	5	31.4	29.0	30.2	5	1	1	0	38.1	38	38.05	762	763	762.5
	作物所	1	1	5	27.8	29.8	28.8	1	2	1	0	46.5	47.9	47.2	802	798	800
	平均						29.2							45.08			797
济麦70	宝坻	3	1	5	29.0	29.2	29.1	5	1	1	0	50	50.1	50.1	780	780	780
	保农仓	1	1	5	34.2	34.2	34.2	1	3	3	3.9	55.32	55.64	55.48	804	808	806
	蓟州	1	1	5	29.7	30.6	30.2	1	3	3	13	52.3	52.1	52.2	800	798	799
	优农	3	1	5	30.6	28.7	29.7	5	1	1	0	36	36.1	36.05	772	773	772.5
	作物所	1	1	5	26.4	27.6	27.0	1	3	1	2	48.1	47.3	47.7	786	770	778
	平均						30.0							48.31			787.1
成麦17	宝坻	3	1	5	25.8	25.6	25.7	3	2	1	0	47.9	47.7	47.8	789	790	789.5
	保农仓	3	1	5	33.4	35.3	34.4	1	2	3	6.4	56.94	56.9	56.92	800	802	801
	蓟州	1	1	5	29.3	27.9	28.6	3	2	3	21	54.3	54.1	54.2	812	810	811
	优农	5	1	5	33.0	36.9	35.0	5	1	3	0	39.8	40.1	39.95	698	703	700.5
	作物所	1	1	5	27.1	29.1	28.1	1	3	1	2	49	48.2	48.6	787	795	791
	平均						30.4							49.49			778.6

（续表）

品种名称	试点名称	穗型	壳色	芒	粒色	籽粒饱满度	粒质	黑胚率（%）	每穗粒数 第I重复	每穗粒数 第II重复	每穗粒数 平均	千粒重（克） 第I重复	千粒重（克） 第II重复	千粒重（克） 平均	容重（克/升） 第I重复	容重（克/升） 第II重复	容重（克/升） 平均
FH801	宝坻	1	1	5	3	1	1	0	29.2	29.5	29.4	41.6	41.8	41.7	789	786	787.5
	保农仓	3	1	5	1	2	3	2.7	33.8	33.6	33.7	52.26	52.61	52.44	818	822	820
	蓟州	1	1	5	3	3	3	18.5	35.2	35.3	35.3	49.3	48.8	49.1	824	826	825
	优农	3	1	5	5	1	1	0	39.8	35.8	37.8	37.8	37.4	37.6	727	721	724
	作物所	1	1	5	1	3	3	5	32.7	30.7	31.7	48.5	47.9	48.2	794	787	791
	平均										33.6			45.81			789.5

附表1-5 2021—2022年度天津市冬小麦区域试验参试品种（系）综合性状汇总（A组）

品种名称	试点名称	出苗期（月/日）	抽穗期（月/日）	成熟期（月/日）	全生育期（天）	幼苗习性	基本苗（万/亩）	最高总茎数（万/亩）	有效穗数（万/亩）	有效分蘖率（%）	株高（厘米）	冻害 级别	冻害 死茎率（%）	越冬百分率（%）	耐旱性	耐湿性	抗青干	倒伏 程度	倒伏 面积（%）	锈病 反应型	锈病 严重度（%）	锈病 普遍率（%）	白粉病	蚜虫	细菌性条斑病	散黑穗病	穗发芽	落粒性	熟相
中麦108	宝坻	10/9	5/2	6/18	252	2	26.7	88.1	49.6	56.3	90.6	1	0	100	2	1	1	2	22.5	1	0	0	3	1	1	1	1	3	3
	保农仓	11/13	5/2	6/17	217	2	18.6	47	26.4	44.6	70	3	0	100	1	1	1		0		0	0	1	1	1	1	1	3	1
	蓟州	3/2	5/6	6/19	228	2	40.3	79.2	41.7	52.7	72				1	1	1		0		0	0	3	1	1	1	3	3	5
	优农	10/30	5/2	6/14	227	3	30.7	88.7	48.7	54.9	76.6	1+	0.7	99.3	1	1	1		0		0	0	4	3	1	1	1	3	1
	作物所	10/26	4/28	6/16	233	2	24.2	70.4	41.1	58.4	67	2	0.01	99.9	1	1	1		0		0	0	2	1	1	1	1	3	3
	平均				231	2	28.1	74.7	41.5	53.4	75.2		0.18																
鑫瑞麦77	宝坻	10/9	5/7	6/19	253	2	26.3	92.4	51.9	56.2	84.2	1	0.3	99.7	1	1	1		0		0	0	1	1	1	1	1	3	1
	保农仓	11/13	5/5	6/17	217	2	19.9	47.4	33.5	44	64	3	0	100	1	1	1		0		0	0	2	1	1	1	1	3	1
	蓟州	3/2	5/12	6/23	230	2	39.6	80.3	41.2	51.3	69.7				1	1	1		0		0	0	3	1	1	1	1	3	3
	优农	10/30	5/8	6/15	228	3	24.3	89.8	47	52.4	69.7	2	1.4	98.6	1	1	1		0		0	0	3	1	1	1	1	3	1
	作物所	10/26	4/5	6/18	235	2	25.3	86.7	39.2	45.2	68	3	0.03	99.7	1	1	1		0		0	0	2	3	1	1	1	3	3
	平均				233		27.1	79.3	42.6	49.8	71.1		0.43																

（续表）

品种名称	试点名称	出苗期(月/日)	抽穗期(月/日)	成熟期(月/日)	全生育期(天)	幼苗习性	基本苗(万/亩)	最高总茎数(万/亩)	有效穗数(万/亩)	有效分蘖率(%)	株高(厘米)	冻害 级别	冻害 死茎率(%)	越冬百分率(%)	耐旱性	耐湿性	抗青干	倒伏 程度	倒伏 面积(%)	锈病 反应型	锈病 严重度(%)	锈病 普遍率(%)	白粉病	其他病虫害 蚜虫	其他病虫害 细菌性条斑病	其他病虫害 散黑穗病	穗发芽	落粒性	熟相
小偃155	宝坻	10/9	5/4	6/19	253	2	27.1	102.5	57.1	55.7	85.9	1	0	100	1	1	1	3	7.8	1	0	0	1	1	1	1	1	3	1
	保农仓	11/14	5/3	6/17	216	2	21.1	53.4	34.8	52.6	70.7	3	0	100	1	1	1	1	0	1	0	0	3	1	1	1	1	3	1
	蓟州	3/2	5/9	6/22	229	2	40.3	68.4	40.5	59.2	67				1	1	1	1	0	1	0	0	4	1	1	1	3	3	3
	优农	10/30	5/3	6/16	229	3	27.9	91.1	49.4	54.2	61.8	1+	0.8	99.2	1	1	1	1	0	1	0	0	3	1	1	1	1	3	1
	作物所	10/26	4/29	6/17	234	2	24.7	72.3	36.4	50.3	67	3	0.03	99.7	1	1	1	1	0	1	0	0	3	3	1	1	1	3	1
	平均				232		28.2	77.5	43.6	54.4	70.5		0.21																
津麦2008	宝坻	10/9	5/4	6/19	253	2	26.9	71.7	39.2	54.7	79.9	1	0.2	99.8	1	1	1	1	0	1	0	0	1	1	1	1	1		3
	保农仓	11/13	5/3	6/19	219	2	20	49	29.3	41.4	67.7	3	0	100	1	1	1	1	0	1	0	0	2	1	1	1	1	3	1
	蓟州	3/2	5/9	6/21	228	2	40.2	79.4	39	49.1	66.7				1	1	1	1	0	1	0	0	3	1	1	1	1	3	3
	优农	10/30	5/5	6/16	229	3	30.9	87.3	38.2	43.8	66.8	2	1.4	98.6	1	1	1	1	0	1	0	0	4	1	1	1	1	3	1
	作物所	10/26	4/30	6/17	234	2	25.2	68.3	37.3	54.6	64	3	0.02	99.8	1	1	1	1	0	1	0	0	2	3	1	1	1	3	3
	平均				233		28.6	71.1	36.6	48.7	69		0.41																
农大105	宝坻	10/9	5/6	6/19	253	2	25.9	107.8	63.5	58.9	93.7	1	0	100	1	1	1	2	10	1	0	0	3	1	1	1	1	3	3
	保农仓	11/13	5/4	6/17	217	2	21.8	53.6	24	34.3	63.7	3	0	100	1	1	1	1	0	1	0	0	1	1	1	1	1	3	1
	蓟州	3/2	5/11	6/20	227	3	40	87.9	42.8	48.7	78.7				1	1	1	1	0	1	0	0	3	1	1	1	1	3	3
	优农	10/30	5/5	6/16	229	2	28.7	119.3	55.9	46.9	77	1+	0.4	99.6	1	1	1	3	50	1	0	0	1	1	1	1	1	3	1
	作物所	10/26	2/5	6/18	235	2	25.6	96	40.1	41.8	74	2	0.02	99.8	1	1	1	1	0	1	0	0		3	1	1			3
	平均				232		28.4	92.9	45.3	46.1	77.4		0.11																

（续表）

品种名称	试点名称	出苗期(月/日)	抽穗期(月/日)	成熟期(月/日)	全生育期(天)	幼苗习性	基本苗(万/亩)	最高总茎数(万/亩)	有效穗数(万/亩)	有效分蘖率(%)	株高(厘米)	冻害级别	冻害死茎率(%)	越冬百分率(%)	耐旱性	耐湿性	抗青干	倒状程度	倒状面积(%)	锈病反应型	锈病严重度(%)	锈病普遍率(%)	白粉病	蚜虫	细菌性条斑病	散黑穗病	穗发芽	落粒性	熟相
鲁原158	宝坻	10/9	5/6	6/19	253	2	26.9	92.4	43.2	46.7	81.6	1	0.1	99.9	1	1	1	1	0	1	0	0	1	1	1	1	1	3	1
	保农仓	11/13	5/4	6/18	218	2	18.9	47.3	31.3	45.8	60.3	3	0	100	1	1	1	1	0	1	0	0	2	1	1	1	1	3	1
	蓟州	3/2	5/11	6/21	228	2	40.4	82.1	41.1	50.1	68.7					1	1	1	0	1	0	0	3	1	1	1	1	3	3
	优农	10/30	5/6	6/16	229	3	27.3	93	37.9	40.8	71.5	1+	0.8	99.2	1	1	1	1	0	1	0	0	4	1	1	1	1	3	1
	作物所	10/26	1/5	6/17	234	2	25.3	67.1	37.3	55.6	65	3	0.03	99.7	1	1	1	1	0	1	0	0	3	3	1	1	1	3	3
	平均				232		27.8	76.4	38.2	47.8	69.4		0.23																
乐土18	宝坻	10/9	5/6	6/19	253	2	27	92.4	56	60.6	89.9	1	0	100	1	1	1	3−	26.2	1	0	0	1	1	1	1	1	3	1
	保农仓	11/14	5/4	6/18	217	2	21.9	54.9	39.3	52.3	65.3	3	0	100	1	1	1	1	0	1	0	0	2	1	1	1	1	3	1
	蓟州	3/2	5/12	6/22	229	2	40.7	77	42.3	54.9	77					1	1	1	0	1	0	0	3	1	1	1	1	3	3
	优农	10/30	5/7	6/15	228	3	34.1	137.1	54.2	39.5	77.6	1+	0	100	1	1	1	1	0	1	0	0	3	1	1	1	1	3	1
	作物所	10/26	2/5	6/18	235	2	25.4	82.4	39	47.3	70	2	0.02	99.8	1	1	1	1	0	1	0	0	2	3	1	1	1	3	3
	平均				232		29.8	88.8	46.2	50.9	76		0.01																
兰德麦856	宝坻	10/9	5/8	6/21	255	2	26.8	90.6	53.8	59.5	84.2	1	0	100	1	1	1	1	0	1	0	0	3	1	1	1	1	3	1
	保农仓	11/14	5/4	6/20	219	2	18.8	48.3	36.2	55	60.3	3	0	100	1	1	1	1	0	1	0	0	2	1	1	1	1	3	1
	蓟州	3/2	5/13	6/25	232	3	39.5	70.9	41.7	58.8	68.7					1	1	1	0	1	0	0	3	1	1	1	1	3	1
	优农	10/30	5/9	6/16	229	3	26.3	94.4	48.1	50.9	64.5	3	0.8	99.2	1	1	1	1	0	1	0	0	3	1	1	1	3	3	1
	作物所	10/26	2/5	6/18	235	2	25.4	64	37.8	59.1	63	3	0.03	99.7	1	1	1	1	0	1	0	0	3	3	1	1	1	3	3
	平均				234		27.4	73.6	43.5	56.7	68.1		0.21																

（续表）

品种名称	试点名称	出苗期(月/日)	抽穗期(月/日)	成熟期(月/日)	全生育期(天)	幼苗习性	基本苗(万/亩)	最高总茎数(万/亩)	有效穗数(万/亩)	有效分蘖率(%)	株高(厘米)	冻害级别	死茎率(%)	越冬百分率(%)	耐旱性	耐湿性	抗青干	倒伏程度	倒伏面积(%)	锈病反应型	锈病严重度(%)	锈病普遍率(%)	白粉病	蚜虫	细菌性条斑病	散黑穗病	穗发芽	落粒性	熟相
津农鉴196	宝坻	10/9	5/6	6/19	253	2	26.7	87.5	50.9	58.2	101.6	1	0	100	1			4+	76.7	1	0	0	1	1	1	1	1	3	3
	保农仓	11/13	5/4	6/19	219	2	20.6	50.6	29.9	45	61.7	3	0	100	1			1	0	1	0	0	1	1	1	1	1	3	1
	蓟州	3/2	5/11	6/22	229	2	40.1	70.4	42.3	60.1	82				1			3	12.7	1	0	0	1	1	1	1	1	3	3
	优农	10/30	5/8	6/14	227	3	31.4	105.4	48.4	45.9	76.3	2	1.1	98.9	1			3	100	1	0	0	4	1	1	1	1	3	1
	作物所	10/26	1/5	6/17	234	2	25.4	69.5	36.3	52.2	74	2	0.02	99.8	1			1	0	1	0	0	2	3	1	1	1	3	1
	平均				232		28.8	76.7	41.6	52.3	79.1		0.28																
津农6号(CK)	宝坻	10/9	5/6	6/19	253	2	26.3	121.8	53.2	43.7	90.6	1	0	100	1			2	5.7	1	0	0	3	1	1	1	1	3	1
	蓟州	3/2	5/12	6/24	231	2	40	93.3	42.2	45.2	74.7				1			1	0	1	0	0	4	1	1	1	1	3	3
	优农	10/30	5/9	6/14	227	3	21.3	96	48.6	50.6	71.4	2	0	100	1			1	0	1	0	0	4	1	1	1	1	3	1
	作物所	10/26	3/5	6/18	235	2	25.5	74.2	37.2	50.1	70	2	0.02	99.8	1			1	0	1	0	0	4	3	1	1	1	3	3
	保农仓	11/13	5/4	6/18	218	2	21.6	53	30.7	44.6	64	3	0	100	1			1	0	1	0	0	2	1	1	1	1	3	1
	平均				233		26.9	87.7	42.4	46.8	74.1		0.01																
津农18	宝坻	10/9	5/7	6/19	253	2	26.2	98.3	65.4	66.5	79	1	0	100	1			2	7.5	1	0	0	1	1	1	1	1	3	3
	保农仓	11/13	5/4	6/18	218	2	21	53.6	30.7	41.4	57.7	3	0	100	1			1	0	1	0	0	1	1	1	1	1	3	1
	蓟州	3/2	5/11	6/22	229	2	40.1	74.2	42.6	57.4	67.6				1			1	0	1	0	0	1	1	1	1	1	3	3
	优农	10/30	5/8	6/17	230	3	33.8	86.9	55.2	63.5	68.8	1+	0.3	99.7	1			1	0	1	0	0	3	1	1	1	1	3	1
	作物所	10/26	1/5	6/17	234	2	25.3	71.5	41.2	57.6	62	2	0.02	99.8	1			1	0	1	0	0	2	3	1	1	1	3	1
	平均				233		29.3	76.9	47	57.3	67		0.08																

（续表）

品种名称	试点名称	出苗期(月/日)	抽穗期(月/日)	成熟期(月/日)	全生育期(天)	幼苗习性	基本苗(万/亩)	最高总茎数(万/亩)	有效穗数(万/亩)	有效分蘖率(%)	株高(厘米)	冻害级别	冻害死茎率(%)	越冬百分率(%)	耐旱性	耐湿性	抗青干	倒伏程度	倒伏面积(%)	锈病反应型	锈病严重度(%)	锈病普遍率(%)	白粉病	蚜虫	细菌性条斑病	散黑穗病	穗发芽	落粒性	熟相
津麦5038	宝坻	10/9	5/7	6/20	254	2	27	99.3	55.9	56.3	87.6	1	0	100	1		1	1	0	1	0	0	1	1	1	1	1	3	1
	保农仓	11/13	5/3	6/20	220	2	17.2	43.1	32.6	63.1	60.3	3	0	100	1		1	1	0	1	0	0	2	1	1	1	1	3	1
	蓟州	3/2	5/11	6/25	232	2	40.7	74.2	41.7	56.2	68.3						1	1	0	1	0	0	3	1	1	1	1	3	1
	优农	10/30	5/4	6/18	231	3	21.9	89.7	54.4	60.6	72.8	2	1	99	1		1	1	0	1	0	0	4	1	1	1	1	3	1
	作物所	10/26	1/5	6/18	235	2	25.3	70.6	37.3	52.8	65	2	0.02	99.8	1		1	1	0	1	0	0	3	3	1	1	1	3	3
	平均				234		26.4	75.4	44.4	57.8	70.8		0.26					1	0	1	0	0							
津丰96	宝坻	10/9	5/7	6/19	253	2	26.8	101.3	50.4	49.7	85.9	1	0	100	1		1	1	0	1	0	0	1	1	1	1	1	3	1
	保农仓	11/13	5/4	6/18	218	2	19.8	50	29.6	47.4	59.3	3	0	100	1		1	1	0	1	0	0	2	1	1	1	1	3	1
	蓟州	3/2	5/13	6/23	230	2	40.3	79.7	43.6	54.7	71						1	1	0	1	0	0	3	1	1	1	1	3	1
	优农	10/30	5/8	6/17	230	3	28.2	104.1	43.9	42.2	74.7	1+	1.2	98.8	1		1	1	0	1	0	0	3	1	1	1	1	3	1
	作物所	10/26	2/5	6/18	235	2	25	76.8	37.2	48.4	67	2	0.02	99.8	1		1	1	0	1	0	0	1	1	1	1	1	3	1
	平均				233		28	82.4	40.9	48.5	71.6		0.31					1	0	1	0	0							
济麦5172	宝坻	10/9	5/6	6/19	253	2	26.8	85.6	50.9	59.5	85.9	2	1.2	100	1		1	1	0	1	0	0	1	1	1	1	1	3	1
	保农仓	11/13	5/5	6/19	219	2	22.8	55.1	34.6	42.2	60	2	0.03	100	1		1	1	0	1	0	0	2	1	1	1	1	3	1
	蓟州	3/2	5/13	6/23	230	3	39.7	89.8	41.7	46.4	68.3						1	1	0	1	0	0	3	1	1	1	1	3	3
	优农	10/30	5/8	6/16	229	3	27.3	95.5	44.5	46.6	74.6	2	1.2	98.8	1		1	1	0	1	0	0	4	3	1	1	1	3	1
	作物所	10/26	2/5	6/18	235	2	24.8	63.4	36.2	57.1	62	2	0.03	99.7	1		1	1	0	1	0	0	2	1	1	1	1	3	1
	平均				233		28.3	77.9	41.6	50.4	70.2		0.31					1	0	1	0	0							

（续表）

品种名称	试点名称	出苗期(月/日)	抽穗期(月/日)	成熟期(月/日)	全生育期(天)	幼苗习性	基本苗(万/亩)	最高总茎数(万/亩)	有效穗数(万/亩)	有效分蘖率(%)	株高(厘米)	冻害级别	死茎率(%)	越冬百分率(%)	耐旱性	耐湿性	抗青干	倒伏程度	倒伏面积(%)	锈病反应型	严重度(%)	普遍率(%)	白粉病	蚜虫	细菌性条斑病	散黑穗病	穗发芽	落粒性	熟相
JM038	宝坻	10/9	5/9	6/21	255	2	26.8	99.7	51.1	51.3	79.1	1	0	100	1	1	1		0	1	0	0	1	1	1	1	1	3	1
	保农仓	11/13	5/4	6/18	218	2	17	43.2	28.9	49.5	60	3	0	100	1	1	1		0	1	0	0	1	1	1	1	1	3	1
	蓟州	3/2	5/13	6/24	231	2	40.1	69.9	41.9	59.9	67				1	1	1			1			1	1	1	1	1	3	1
	优农	10/30	5/8	6/16	229	3	30.2	94.4	44.5	47.1	72.6	2	2.6	97.4	1	1	1		0	1	0	0	3	1	1	1	1	3	1
	作物所	10/26	2/5	6/17	234	2	24.8	66	35.1	53.2	60	3	0.02	99.8	1	1	1		0	1	0	0		3	1	1	1	3	1
	平均				233		27.8	74.6	40.3	52.2	67.7		0.66	99.4															
FW-12	宝坻	10/9	5/6	6/18	252	2	25.6	88.2	54.7	62.1	74.7	1	0.6	99.4	1	1	1		0	1	0	0	1	1	1	1	1	3	3
	保农仓	11/13	5/4	6/20	220	2	19.1	48.1	30.8	46.7	66.3	3	0	100	1	1	1		0	1	0	0	2	1	1	1	1	3	3
	蓟州	3/2	5/11	6/21	228	2	40.5	74.3	43.1	58	62.6				1	1	1			1			2	1	1	1	1	3	3
	优农	10/30	5/3	6/16	229	3	19.2	73.9	43.1	58.3	62.9	1+	3.5	96.5	1	1	1		0	1	0	0	3	1	1	1	1	3	1
	作物所	10/26	4/30	6/17	234	2	24.5	61.2	35.6	58.2	59	3	0.03	99.7	1	1	1		0	1	0	0	2	3	1	1	1	3	3
	平均				233		25.8	69.1	41.5	56.7	65.1		1.03	99.7															

附表1-6　2021—2022年度天津市冬小麦区域试验参试品种（系）综合性状汇总（B组）

品种名称	试点名称	出苗期(月/日)	抽穗期(月/日)	成熟期(月/日)	全生育期(天)	幼苗习性	基本苗(万/亩)	最高总茎数(万/亩)	有效穗数(万/亩)	有效分蘖率(%)	株高(厘米)	冻害级别	死茎率(%)	越冬百分率(%)	耐旱性	耐湿性	抗青干	倒伏程度	倒伏面积(%)	锈病反应型	严重度(%)	普遍率(%)	白粉病	蚜虫	细菌性条斑病	散黑穗病	穗发芽	落粒性	熟相
中麦98	宝坻	10/9	5/4	6/19	253	2	26.7	105.7	55.2	52.2	89.3	1	0	100	1	1	1	2+	27.5	1	0	0	1	1	1	1	1	3	1
	保农仓	11/13	5/3	6/17	217	2	24.1	81.7	30.4	37.2	66.3	3	0	100	1	1	1	1	0	1	0	0	2	1	1	1	1	3	1
	蓟州	3/2	5/11	6/20	227	2	39.2	78.7	44.7	56.8	73.3				1	1	1	2	3.3	1	0	0	2	1	1	1	1	3	3
	优农	10/30	5/6	6/16	229	3	38.3	110.1	53.6	48.7	72.4	1+	0.3	99.7	1	1	1		0	1	0	0	3	1	1	1	1	3	1
	作物所	10/26	4/30	6/16	233	2	25.2	72.7	40.1	55.2	66	2	0.01	99.9	1	1	1		0	1	0	0	2	3	1	1	1	3	3
	平均				232		30.7	89.8	44.8	50	73.5		0.08	99.9															

（续表）

品种名称	试点名称	出苗期（月/日）	抽穗期（月/日）	成熟期（月/日）	全生育期（天）	幼苗习性	基本苗（万/亩）	最高总茎数（万/亩）	有效穗数（万/亩）	有效分蘖率（%）	株高（厘米）	冻害 级别	冻害 死茎率（%）	越冬百分率（%）	耐旱性	耐湿性	抗青干	倒伏 程度	倒伏 面积（%）	锈病 反应型	锈病 严重度（%）	锈病 普遍率（%）	白粉病	其他病虫害 蚜虫	其他病虫害 细菌性条斑病	其他病虫害 黑穗病	其他病虫害 散穗病	穗发芽	落粒性	熟相
中麦806	宝坻	10/9	5/7	6/20	254	2	26.3	123.2	55.8	45.3	95.2	1	0	100	1	1	1	1	0	1	0	0	1	1	1	1	1	1	3	1
中麦806	保农仓	11/13	5/4	6/18	218	2	22.2	74.1	33.2	44.9	69.3	3	0	100	1	1	1	1	0	1	0	0	1	1	1	1	1	1	3	1
中麦806	蓟州	3/2	5/12	6/21	228	2	39.3	80.2	45.4	56.6	76	2			1	1	1	1	0	1	0	0	2	1	1	1	1	1	3	1
中麦806	优农	10/30	5/7	6/17	230	3	37.8	121.5	51.9	42.7	82	2	0.3	99.7	1	1	1	1	0	1	0	0	3	1	1	1	1	1	3	1
中麦806	作物所	10/26	4/29	6/16	233	2	23.6	77.3	39.2	50.7	73	2	0.01	99.9	1	1	1	3	0	1	0	0	2	3	1	1	1	1	3	3
中麦806	平均				233		29.8	95.3	45.1	48	79.1		0.08																	
中麦578	宝坻	10/9	5/5	6/20	254	2	25.3	91	48.3	53.1	84	1	0	100	1	1	1	1	0	1	0	0	1	1	1	1	1	1	3	1
中麦578	保农仓	11/13	5/3	6/17	217	2	19	63.3	27.8	43.9	58.3	3	0	100	1	1	1	1	0	1	0	0	1	1	1	1	1	1	3	1
中麦578	蓟州	3/2	5/10	6/21	228	2	39.8	69.4	41.4	59.7	71	2			1	1	1	1	0	1	0	0	3	1	1	1	1	1	3	3
中麦578	优农	10/30	5/4	6/17	230	3	29.9	82.6	42.4	51.3	70.3	2	1.5	98.5	1	1	1	1	0	1	0	0	3	1	1	1	1	1	3	1
中麦578	作物所	10/26	4/30	6/17	234	2	24.8	60.8	37.5	61.7	60	3	0.03	99.7	1	1	1	1	0	1	0	0	1	3	1	1	1	1	3	1
中麦578	平均				233		27.8	73.4	39.5	53.9	68.7		0.38																	
中麦100	宝坻	10/9	5/2	6/15	249	2	26.3	103.3	48.6	47.1	95.3	1	0	100	2	1	1	3+	46.7	1	0	0	1	1	1	1	1	1	3	1
中麦100	保农仓	11/13	5/2	6/18	218	2	24.1	79.4	33.3	42	70	3	0	100	1	1	1	1	0	1	0	0	1	1	1	1	1	1	3	1
中麦100	蓟州	3/2	5/9	6/19	226	2	39.6	67.3	40.7	60.5	84				1	1	1	3	10	1	0	0	3	1	1	1	1	1	3	5
中麦100	优农	10/30	5/3	6/16	229	3	38	100.6	43.8	43.5	84.8	1+	0.6	99.4	1	1	1	1	0	1	0	0	3	1	1	1	1	1	3	1
中麦100	作物所	10/26	4/30	6/16	233	2	26.7	78.8	41.2	52.3	67	2	0	100	1	1	1	1	0	1	0	0	2	3	1	1	1	1	3	3
中麦100	平均				233		30.9	85.9	41.5	49.1	80.2		0.15																	

（续表）

品种名称	试点名称	出苗期（月/日）	抽穗期（月/日）	成熟期（月/日）	全生育期（天）	幼苗习性	基本苗（万/亩）	最高总茎数（万/亩）	有效穗数（万/亩）	有效分蘖率（%）	株高（厘米）	冻害 级别	冻害 死茎率（%）	越冬百分率（%）	耐旱性	耐湿性	抗青干	倒伏 程度	倒伏 面积（%）	锈病 反应型	锈病 严重度（%）	锈病 普遍率（%）	白粉病	蚜虫	细菌性条斑病	散黑穗病	穗发芽	落粒性	熟相
盈亿166	宝坻	10/9	5/7	6/21	255	2	25.6	127.4	50.6	39.7	72.6	1	0	100	1		1		0		0	0	1	1	1	1	1	3	1
	保农仓	11/13	5/4	6/20	220	2	21	70.5	32.7	46.4	55.3	3	0	100	1		1		0		0	0	2	1	1	1	1	3	1
	蓟州	3/2	5/14	6/23	230	2	40.1	85.2	42.8	50.2	60.3				1		1		0		0	0	4	1	1	1	1	3	1
	优农	10/30	5/6	6/17	230	3	31.1	104.2	47.8	45.9	63.2	1+	1.1	98.9	1		1		0		0	0	3	1	1	1	1	3	1
	作物所	10/26	2/5	6/18	233	2	26.7	81.8	41.6	50.9	55	2	0.02	99.8	1		1		0		0	0	3	3	1	1	1	3	3
	平均				234		28.9	93.8	43.1	46.6	61.3		0.28																
农大8156	宝坻	10/9	5/9	6/20	254	2	26.7	109.3	58.5	53.5	82.3	1	0	100	1		1		0		0	0	1	1	1	1	1	3	1
	保农仓	11/14	5/4	6/20	219	2	23	77.8	34.9	44.9	61.7	3	0	100	1		1		0		0	0	2	1	1	1	1	3	1
	蓟州	3/2	5/14	6/21	228	2	40.2	87.8	41.6	47.4	65				1		1		0		0	0	3	1	1	1	1	3	1
	优农	10/30	5/7	6/16	229	3	34.4	110.9	43.1	38.9	70.5	1+	0.6	99.4	1		1		0		0	0	3	1	1	1	1	3	1
	作物所	10/26	3/5	6/18	235	2	25.4	84.9	43.6	51.4	67	2	0.01	99.9	1		1		0		0	0	2	3	1	1	1	3	1
	平均				233		29.9	94.1	44.3	47.2	69.3		0.15																
鲁研951	宝坻	10/9	5/9	6/21	255	2	25.7	116.4	51.9	44.6	82.8	1	0	100	1		1		0		0	0	3	1	1	1	1	3	3
	保农仓	11/13	5/4	6/20	220	2	21.4	70.4	35.3	50.1	60.3	3	0	100	1		1		0		0	0	3	1	1	1	1	3	3
	蓟州	3/2	5/13	6/24	231	2	39.2	86.6	43	49.7	68.7				1		1		0		0	0	3	1	1	1	1	3	1
	优农	10/30	5/9	6/18	231	3	30.7	110.5	43.7	39.5	66.3	2	0.4	99.6	1		1		0		0	0	3	1	1	1	1	3	1
	作物所	10/26	2/5	6/18	235	2	24.4	64.9	38.8	59.8	61	3	0.03	99.7	1		1		0		0	0	2	3	1	1	1	3	3
	平均				234		28.3	89.8	42.5	48.7	67.8		0.11																

（续表）

品种名称	试点名称	出苗期（月/日）	抽穗期（月/日）	成熟期（月/日）	全生育期（天）	幼苗习性	基本苗（万/亩）	最高总茎数（万/亩）	有效穗数（万/亩）	有效分蘖率（%）	株高（厘米）	冻害级别	冻害死茎率（%）	越冬百分率（%）	耐旱性	耐湿性	抗青干	倒状程度	倒状面积（%）	锈病反应型	锈病严重度（%）	锈病普遍度（%）	白粉病	蚜虫	细菌性条斑病	散黑穗病	穗发芽	落粒散粒性	熟相
乐土702	宝坻	10/9	5/6	6/20	254	2	22	66.1	40.3	60.9	77.3	1	3.6	96.4	1	1	1	1	0	1	0	0	1	1	1	1	1	3	1
	保农仓	11/13	5/3	6/20	220	2	21.8	73.4	32.6	44.4	53.7	3	0	100	1	1	1	1	0	1	0	0	3	1	1	1	1	3	1
	蓟州	3/2	5/10	6/22	229	2	39.8	69.1	41	59.3	62.7				1	1	1	1	0	1	0	0	3	1	1	1	1	3	1
	优农	10/30	5/3	6/18	231	3	25.5	62.8	38.3	60.9	62.1	1+	3	97	1	1	1	1	0	1	0	0	3	1	1	1	1	3	1
	作物所	10/26	4/30	6/17	234	2	26.3	71.3	40.1	56.2	58	3	0.03	99.7	1	1	1	1	0	1	0	0	2	3	1	1	1	3	1
	平均				234		27.1	68.5	38.5	56.3	62.8		1.66																
津农鉴1801	宝坻	10/9	5/8	6/19	253	2	26.4	135.6	58.9	43.5	98	1	0	100	2	1	1	1	0	1	0	0	3	1	1	1	1	3	1
	保农仓	11/13	5/3	6/17	217	2	17.6	60.4	30.7	50.9	74.7	3	0	100	1	1	1	1	0	1	0	0	3	1	1	1	1	3	3
	蓟州	3/2	5/11	6/22	229	3	39.1	87.4	41.7	47.7	83				1	1	1	1	0	1	0	0	3	1	1	1	1	3	1
	优农	10/30	5/7	6/16	229	2	35.5	120.4	56.3	46.7	83.7	1+	0	100	1	1	1	1	0	1	0	0	3	1	1	1	1	3	3
	作物所	10/26	4/29	6/17	234	2	26.6	74.8	41.3	55.2	67	2	0.02	99.8	1	1	1	1	0	1	0	0	3	3	1	1	1	3	3
	平均				232		29	95.7	45.8	48.8	81.3		0.01																
津农6号（CK）	宝坻	10/9	5/6	6/19	253	2	27.1	116.4	56.5	48.6	92.5	1	0	100	1	1	1	2−	2.5	1	0	0	3	1	1	1	1	3	3
	蓟州	3/2	5/13	6/23	230	2	40.2	94	40.5	43.1	75				1	1	1	1	0	1	0	0	4	1	1	1	1	3	3
	优农	10/30	5/9	6/17	230	3	27.6	104.3	47.4	45.5	76.5	2	1.2	98.8	1	1	1	1	0	1	0	0	3	3	1	1	1	3	1
	作物所	10/26	3/5	6/18	235	2	24.3	67.5	40.7	60.3	69	2	0.02	99.8	1	1	1	1	0	1	0	0	3	3	1	1	1	3	3
	保农仓	11/13	5/3	6/18	218	2	20.1	69.1	28.8	41.7	65.3	3	0	100	1	1	1	1	0	1	0	0	2	1	1	1	1	3	1
	平均				233		27.9	90.3	42.8	47.8	75.7		0.31																

（续表）

品种名称	试点名称	出苗期(月/日)	抽穗期(月/日)	成熟期(月/日)	全生育期(天)	幼苗习性	基本苗(万/亩)	最高总茎数(万/亩)	有效穗数(万/亩)	有效分蘖率(%)	株高(厘米)	冻害级别	冻害死茎率(%)	越冬百分率(%)	耐旱性	耐湿性	抗青干	倒伏程度	倒伏面积(%)	锈病反应型	锈病严重度(%)	锈病普遍率(%)	白粉病	蚜虫	细菌性条斑病	散黑穗病	穗发芽	落粒性	熟相
津农20	宝坻	10/9	5/8	6/20	254	2	25.9	113.1	54.5	48.2	92.1	1	0	100	1	1	1	1	0	1	0	0	1	1	1	1	1	3	1
	保农仓	11/13	5/4	6/17	217	2	23.6	79.3	35.9	45.2	72	3	0	100	1	1	1	1	0	1	0	0	2	1	1	1	1	3	1
	蓟州	3/2	5/14	6/23	230	2	39.9	83.9	41.1	49	80.3				1	1	1	1	0	1	0	0	4	1	1	1	1	3	3
	优农	10/30	5/11	6/17	230	3	31.9	145.9	53	36.4	80.2	1+	0.3	99.7	1	1	1	1	0	1	0	0	3	1	1	1	1	3	1
	作物所	10/26	2/5	6/18	235	2	24.8	77.6	41.9	54	67	2	0.02	99.8	1	1	1	1	0	1	0	0	2	3	1	1	1	3	3
	平均				233		29.2	100	45.3	46.6	78.3		0.08																
津农19	宝坻	10/9	5/6	6/19	253	2	26.5	92.1	43.2	46.9	89.3	1	0	100	1	1	1	1+	2.5	1	0	0	1	1	1	1	1	3	1
	保农仓	11/13	5/4	6/18	218	2	20.7	69.6	31.8	45.8	63.3	3	0	100	1	1	1	1	0	1	0	0	2	1	1	1	1	3	1
	蓟州	3/2	5/14	6/22	229	2	39.7	82.1	40.4	49.2	75				1	1	1	1	0	1	0	0	3	1	1	1	1	3	3
	优农	10/30	5/6	6/17	230	2	41.2	105.8	43.3	40.9	68.7	1+	0.8	99.2	1	1	1	1	0	1	0	0	3	1	1	1	1	3	1
	作物所	10/26	2/5	6/18	235	2	25	70	37.9	54.1	60	3	0.03	99.7	1	1	1	1	0	1	0	0	2	3	1	1	1	3	1
	平均				233		30.6	83.9	39.3	47.4	71.3		0.21																
津麦0118	宝坻	10/9	5/8	6/20	254	2	27.3	116.3	58.2	50.1	93.9	1	0	100	1	1	1	3-	7.5	1	0	0	1	1	1	1	1	3	3
	保农仓	11/13	5/4	6/18	218	2	20.5	69.4	33.7	48.5	68	3	0	100	1	1	1	1	0	1	0	0	2	1	1	1	1	3	1
	蓟州	3/2	5/12	6/24	231	2	39.6	70.6	44.8	63.5	76				1	1	1	1	0	1	0	0	3	1	1	1	1	3	1
	优农	10/30	5/8	6/17	230	3	36.4	95.8	51.4	53.6	73.5	2	0.6	99.4	1	1	1	1	0	1	0	0	3	1	1	1	1	3	1
	作物所	10/26	1/5	6/18	235	2	24.6	71.7	40.3	56.2	66	2	0.02	99.8	1	1	1	1	0	1	0	0	1	3	1	1	1	3	1
	平均				234		29.7	84.8	45.7	54.4	75.5		0.16																

（续表）

品种名称	试点名称	出苗期(月/日)	抽穗期(月/日)	成熟期(月/日)	全生育期(天)	幼苗习性	基本苗(万/亩)	最高总茎数(万/亩)	有效穗数(万/亩)	有效分蘖率(%)	株高(厘米)	冻害级别	冻害死茎率(%)	越冬百分率(%)	耐旱性	耐湿性	抗青干	倒伏程度	倒伏面积(%)	锈病反应型	锈病严重度(%)	锈病普遍率(%)	白粉病	蚜虫	细菌性条斑病	散黑穗病	穗发芽	落粒性	熟相
津18019	宝坻	10/9	5/9	6/19	253	2	26.4	107.1	56.6	52.8	84.5	1	0	100	1	1	1	1	0	1	0	0	1	1	1	1	1	3	1
	保农仓	11/14	5/4	6/18	217	2	19.7	67.1	31.4	46.8	60.3	3	0	100	1	1	1	1	0	1	0	0	2	1	1	1	1	3	1
	蓟州	3/2	5/12	6/21	228	2	39.2	77.1	43.4	56.3	72.7				1	1	1	1	0	1	0	0	3	1	1	1	1	3	3
	优农	10/30	5/7	6/18	231	3	31.6	94.4	50.1	53.1	73.4	1+	1.4	98.6	1	1	1	1	0	1	0	0	3	1	1	1	1	3	1
	作物所	10/26	1/5	6/17	234	2	25.6	68.4	42.5	62.1	60	2	0.02	99.8	1	3	1	1	0	1	0	0	2	3	1	1	1	3	1
	平均				233		28.5	82.8	44.8	54.2	70.2		0.36																
济麦70	宝坻	10/9	5/7	6/21	255	2	26.3	96.9	54.1	55.8	82.7	1	0	100	1	1	1	1	0	1	0	0	1	1	1	1	1	3	1
	保农仓	11/13	5/4	6/20	220	2	23.6	78.9	33.1	42	62	3	0	100	1	1	1	1	0	1	0	0	1	1	1	1	1	3	1
	蓟州	3/2	5/14	6/25	232	2	40.4	75.4	44.5	59	67.7				1	1	1	1	0	1	0	0	2	1	1	1	1	3	1
	优农	10/30	5/9	6/17	231	3	36.3	105.2	45.1	42.9	68.9	2	0.6	99.4	1	1	1	1	0	1	0	0	3	1	1	1	1	3	3
	作物所	10/26	3/5	6/18	235	2	23.4	68.5	40	58.4	57	2	0.03	99.7	1	1	1	1	0	1	0	0	2	3	1	1	1	3	1
	平均				235		30	85	43.4	51.6	67.7		0.16																
成麦17	宝坻	10/9	5/6	6/19	253	2	26.4	105.6	54.8	51.9	89.5	1	0	100	1	1	1	1	0	1	0	0	1	1	1	1	1	3	3
	保农仓	11/13	5/5	6/19	219	2	21.5	72.3	31.7	43.8	67	3	0	100	1	1	1	1	0	1	0	0	2	1	1	1	1	3	1
	蓟州	3/2	5/12	6/24	231	3	40.3	85	43.5	51.2	74				1	1	1	1	0	1	0	0	3	1	1	1	1	3	1
	优农	10/30	5/8	6/17	230	2	28.1	103.4	42.6	41.2	74.5	1+	1.6	98.4	1	1	1	1	0	1	0	0	3	1	1	1	1	3	1
	作物所	10/26	2/5	6/18	235	2	24.8	74.1	39.1	52.8	65	2	0.02	99.8	1	1	1	1	0	1	0	0	2	3	1	1	1	3	1
	平均				234		28.2	88.1	42.3	48.2	74		0.41																

（续表）

品种名称	试点名称	出苗期（月/日）	抽穗期（月/日）	成熟期（月/日）	全生育期（天）	幼苗习性	基本苗（万/亩）	最高总茎数（万/亩）	有效穗数（万/亩）	有效分蘖率（%）	株高（厘米）	冻害 级别	冻害 死茎率（%）	越冬百分率（%）	耐旱性	耐湿性	抗青干	倒伏 程度	倒伏 面积（%）	锈病 反应型	锈病 严重度（%）	锈病 普遍率（%）	其他病虫害 白粉病	其他病虫害 蚜虫	其他病虫害 细菌性条斑病	其他病虫害 散黑穗病	穗发芽	落粒性	熟相
FH801	宝坻	10/9	5/7	6/20	254	2	26.3	111.1	47.5	42.7	83.9	1	0.3	99.7	1	1	1		0	1	0	0	1	1	1	1	1	3	1
	保农仓	11/14	5/4	6/19	218	2	22.2	74.6	29.4	39.4	61.7	3	0	100	1	1	1		0	1	0	0	2	1	1	1	1	3	1
	蓟州	3/2	5/13	6/22	229	2	39.3	78	41.4	53.1	68				1	1	1		0	1	0	0	2	1	1	1	1	3	3
	优农	10/30	5/10	6/17	230	3	36.9	105.8	45.7	43.2	68.5	1+	0	100	1	1	1	1	0	1	0	0	3	1	1	1	1	3	1
	作物所	10/26	4/5	6/18	235	2	24.7	60.4	36.6	60.6	62	3	0.03	99.7	1	1	1	1	0	1	0	0	2	3	1	1	1	3	3
	平均				233		29.9	86	40.1	47.8	68.8		0.08	99.9															

第二章 2021—2022年度天津市冬小麦生产试验总结

一、试验目的

为了客观、公正、科学地评价新育成小麦品种在天津市的丰产性、适应性、抗逆性、品质及其利用价值，为天津市小麦新品种审定提供依据。

二、参试品种及承试单位

1. 参试品种

各参试品种和育种（供种）单位见表2-1。

表2-1 2021—2022年度天津市冬小麦生产试验参试品种

序号	年次	品种	育种（供种）单位
1		津农6号（CK）	天津市农业科学院
2	2	津18019	天津市农业科学院
3	2	津农鉴1801	天津农学院
4	2	中麦98	中国农业科学院作物科学研究所
5	2	津麦0118	天津蓟县康恩伟泰种子有限公司
6	2	中麦100	中国农业科学院作物科学研究所
7	2	济麦70	山东鲁研农业良种有限公司（申请单位）、山东省农业科学院作物研究所（育种单位）
8	3	鑫星169	山东鑫星种业有限公司（育种单位）、正茂河北农业科技有限公司（申请单位）
9	3	济麦23	山东省农业科学院作物研究所（育种单位）、中国农业科学院作物科学研究所（育种单位）、山东鲁研农业良种有限公司（申请单位、育种单位）
10	3	小偃156	中国科学院遗传与发育生物学研究所
11	3	津17鉴14	天津市农业科学院

2. 承试单位

天津市蓟州区良种繁殖场（蓟州）、天津市宝坻区农业发展服务中心（宝坻）、天津保农仓农业科技有限公司（保农仓）、天津市农作物研究所（作物所）、天津市优质农产品开发示范中心（优农）。

三、试验概况

（一）试验设计

参加2021—2022年度品种生产试验的参试品种共有11个，其中对照品种为津农6号。参试品种采用品种实名随机排列，不设重复，小区面积0.5亩，全区收获。

（二）试验要求

1. 试验地选择及试验管理

选土壤肥力均匀具有代表性的地块，播期和行距按当地生产实际确定，田间管理略高于当地大田生产水平。试验管理应及时施肥、排灌、治虫、中耕除草，但不对病害进行药剂防治，不使用各种植物生长调节剂。保证同一试点各品种、各重复间的各项管理措施一致（包括播期、密度、施肥量与方法等），同一重复内的同一管理措施应在同一天内完成。试验过程中应及时采取有效的防护措施，防止人、鼠、鸟、畜、禽等对试验的危害。

2. 栽培管理要求

（1）播种期：9月下旬至10月上旬。

（2）播种量：区域试验、生产试验、抗寒试验按每亩25万株基本苗计算播种量。

（3）田间管理：试验地要求肥力均匀，地势平坦，前茬作物相同。每亩施有机肥 5 000 千克，化肥不少于 25 千克（折合为硫铵计算）。

（4）试验田四周设 4 行以上保护行，重复间设 1 米的观察道。

（5）麦行走向南北为宜。

3. 观察记载

严格按《天津市小麦品种生产试验记载标准》进行，各承试点统一使用天津市小麦品种生产试验记载本。观察要及时，记载要准确。切忌漏记、错记，数据齐全可靠，不漏项。各承试单位务必专人负责试验，确保试验过程和试验结果的科学性、准确性、真实性和公正性，并及时填报试验田间记载表和试验总结记载表。

（三）试验完成情况

各试点均按照试验要求顺利完成了试验工作。

试验管理见表 2-2。

表 2-2　2021—2022 年度天津市冬小麦生产试验田间管理概况

项目	蓟州	宝坻	保农仓	作物所	优农
前茬作物	玉米	玉米	玉米	玉米	玉米
土质	黏土	壤土	重壤土	中壤	盐碱潮土
底肥	2021 年 10 月 2 日撒施 45%（N：P：K = 14：16：15）硫酸钾型复合肥 55 千克/亩	2021 年 9 月 30 日撒施 50 千克/亩掺混肥（N：P：K = 18：20：5）	2021 年 10 月 29 日底施有机肥 1.5 吨，小麦配方肥 40 千克/亩（N：P：K = 15：23：12）	2021 年 10 月 16 日人工撒施磷酸二铵 25 千克/亩	2021 年 10 月 15 日机械撒施复合肥 40 千克/亩（20：22：6）
追肥	2022 年 4 月 8 日撒施尿素 20 千克/亩后浇水	2022 年 4 月 8 日施尿素 30 千克/亩	2022 年 4 月 8 日随返青水追施尿素 20 千克/亩；5 月 7 日浇第二水，施尿素 15 千克/亩	2022 年 3 月 30 日追施尿素 15 千克/亩，4 月 23 日追施尿素 15 千克/亩	2021 年 3 月 28 日撒施尿素 30 千克/亩
水（旱）地	水浇地	水浇地	水浇地	水浇地	水浇地
浇水	2021 年 12 月 3 日，2022 年 4 月 12 日和 5 月 22 日，共浇水 3 次，漫灌	2021 年 12 月 4 日，2022 年 1 月 28 日浇冻水；4 月 8 日浇返青水；4 月 29 日浇第二水，5 月 25 日浇第三水	2021 年 12 月 23 日浇冻水；2022 年 4 月 8 日浇返青水，5 月 7 日浇第二水，漫灌	2021 年 11 月 25 日浇冻水；2022 年 3 月 30 日浇第一水，4 月 23 日浇第二水，5 月 17 日浇第三水	2020 年 12 月 9 日浇冻水；2021 年 3 月 28 日、4 月 30 日、5 月 28 日，漫灌
中耕除草	4 月 13 日人工喷施双氟·滴辛酯化学除草 1 次	4 月 16 日用苯磺隆、2 甲 4 氯钠化学除草 1 次	4 月 16 日使用锐超麦化学除草 1 次	4 月 9 日人工喷施除草剂，5 月 8 日人工除草 1 次	4 月 21 日喷施 20%锐超麦水分散粒剂 5 克/亩防治杂草
植保	5 月 11 日、27 日用无人机喷施"噻虫高氯氟+磷酸二氢钾"，防治蚜虫、吸浆虫 2 次	5 月 16 日用高效氯氟氰菊酯+吡虫啉叶面喷雾防治蚜虫	5 月 11 日、27 日分别用无人机喷施呋虫胺、三唑酮、磷酸二氢钾混合液除治蚜虫、吸浆虫和白粉病	2021 年 10 月 16 日撒施辛硫磷防治地下害虫，2022 年 5 月 4 日、11 日人工喷施防治蚜虫药剂 2 次	5 月 14 日、31 日用无人机喷施高效氯氟氰菊酯、啶虫脒防治蚜虫
其他	2021 年 11 月 6 日播种，2022 年 6 月 25 日收获	2021 年 10 月 1 日播种，2022 年 6 月 21 日收获	2021 年 10 月 26 日播种，2022 年 6 月 20 日收获	2021 年 10 月 17 日播种，2022 年 6 月 19 日收获	2021 年 10 月 19 日播种，2022 年 6 月 26 日收获

四、气象条件

经对气象资料分析，2021—2022 年度各试验点冬小麦生育期间，主要表现为以下几个特点。

（1）播种：2021 年秋季天津市降水异常偏多，9 月上旬至 10 月中旬平均降水 271.8 毫米，连续阴雨导致全市冬小麦播种期普遍推迟 10~15 天。各试点于 10 月 1 日至 11 月 5 日陆续播种，时间跨度较大。

（2）苗期：2021 年 11 月上旬再次出现大范围雨雪天气，降水量较常年偏多 9.2 倍。平均气温高，光照足，墒情适宜，冬前积温不足，进入越冬期偏晚 15~20 天，冬前分蘖少。

（3）越冬期：气温略偏高，日照时数较常年偏多，未出现极端低温天气，一定程度补偿了因播种偏晚造成的生长量不足，利于苗情转化。2022 年 2 月下旬降雪增加了墒情。

（4）返青期：2022 年 3 月进入返青期，墒情较好，利于起身。4 月未出现倒春寒现象。

（5）抽穗灌浆期：天气晴朗，气温偏高，降水偏少，利于灌浆。遇干热风，由于及时灌水，影响较轻，成熟期与常年比推迟一周左右。

五、试验结果

2021—2022 年度，共有 11 个参试品种，其中对照品种为津农 6 号，具体结果见附表 2-1、附表 2-2 和附表 2-3。

附表 2-1　2021—2022 年度天津市冬小麦生产试验各试点参试品种产量汇总

品种名称	试点名称	小区产量（千克）	平均亩产量（千克）	比对照增减（%）
中麦 98	宝坻	332.52	665.04	3.22
	作物所	276.04	557.66	6.30
	保农仓	320.72	641.40	18.37
	蓟州	293.91	587.82	17.97
	优农	285.06	569.67	6.35
	平均	301.65	604.32	10.95
中麦 100	宝坻	326.12	652.24	1.23
	保农仓	298.84	597.70	10.29
	蓟州	284.73	569.46	14.29
	优农	273.40	546.37	2.00
	作物所	279.38	564.41	7.58
	平均	292.49	586.04	7.60
鑫星 169	宝坻	343.45	686.90	7.28
	保农仓	318.88	637.70	17.69
	蓟州	287.90	575.80	16.32
	优农	281.85	563.25	5.15
	作物所	265.21	535.78	2.13
	平均	299.46	599.89	10.14
小偃 156	宝坻	330.49	660.98	3.23
	保农仓	261.70	523.40	−3.41
	蓟州	251.03	502.06	1.43
	优农	276.46	552.48	3.14
	作物所	267.92	541.26	3.17
	平均	277.52	556.04	2.09
津农鉴 1801	宝坻	332.77	665.54	3.29
	保农仓	283.66	567.30	4.69
	蓟州	268.38	536.76	7.72
	优农	241.20	482.02	−10.01
	作物所	272.29	550.08	4.85
	平均	279.66	560.34	2.88
津农 6 号（CK）	宝坻	322.16	644.32	—
	宝坻	320.14	640.29	—
	蓟州	241.68	483.36	—
	蓟州	256.60	513.20	—
	蓟州	238.40	476.80	—
	优农	268.04	535.65	—
	作物所	259.69	524.63	—
	保农仓	262.94	525.90	—
	保农仓	278.90	557.80	—
	平均	272.06	544.66	0

（续表）

品种名称	试点名称	小区产量（千克）	平均亩产量（千克）	比对照增减（%）
津麦 0118	宝坻	340.66	681.32	5.74
	保农仓	345.24	690.50	27.42
	蓟州	308.23	616.46	19.60
	优农	291.17	581.88	8.63
	作物所	288.54	582.91	11.11
	平均	314.77	630.61	15.78
津 18019	宝坻	333.54	667.08	3.53
	保农仓	284.11	568.20	4.86
	蓟州	275.96	551.92	10.77
	优农	261.52	522.62	−2.43
	作物所	280.29	566.25	7.93
	平均	287.08	575.21	5.61
津 17 鉴 14	宝坻	332.15	664.30	3.75
	保农仓	281.91	563.80	4.04
	蓟州	250.66	501.32	1.28
	优农	285.96	571.47	6.69
	作物所	274.38	554.31	5.66
	平均	285.01	571.04	4.84
济麦 70	宝坻	344.30	688.60	7.55
	保农仓	312.93	625.90	15.49
	蓟州	287.51	575.02	16.17
	优农	305.93	611.37	14.14
	作物所	266.25	537.88	2.53
	平均	303.38	607.75	11.58
济麦 23	宝坻	343.14	686.28	7.18
	保农仓	322.04	644.10	18.85
	蓟州	273.93	547.86	10.68
	优农	289.15	577.84	7.88
	作物所	264.17	533.68	1.73
	平均	298.49	597.95	9.78

附表 2-2　2021—2022 年度天津市冬小麦生产试验参试品种（系）室内考种结果汇总*

品种名称	试点名称	穗型	壳色	芒	每穗粒数 第Ⅰ重复	第Ⅱ重复	平均	粒色	籽粒饱满度	粒质	黑胚率(%)	千粒重(克) 第Ⅰ重复	第Ⅱ重复	平均	容重(克/升) 第Ⅰ重复	第Ⅱ重复	平均
中麦98	宝坻	1	1	5	28.8	28.5	28.7	3	2	1	0	37.3	37.6	37.5	801	798	799.5
	蓟州	1	1	5	36.1	36.5	36.3	1	3	3	0	42.9	42.7	42.8	821	825	823
	优农	5	1	5	35.6	35.1	35.4	5	1	1	0	36	35.8	35.9	770	764	767
	作物所	1	1	5	29.4	31.4	30.4	2	2	3	0	44.7	45.1	44.9	808	808	808
	保农仓	1	1	5	34.2			1	3	3	0.6	45.3		43.3	820	808	820
	平均						32.7							40.9			803.5
中麦100	宝坻	1	1	5	35.3	35.5	35.4	1	2	3	0	38.7	38.8	38.8	778	783	780.5
	保农仓	1	1	5	32.4			1	2	3	1	46.4	46.3	46.4	807	807	807
	蓟州	1	1	5	34.6	35	34.8	1	3	3	2	46.7	46.3	46.5	815	817	816
	优农	3	1	5	43.2	41	42.1	5	1	1	0	33	33.2	33.1	763	755	759
	作物所	1	1	5	28.2	30.4	29.3	1	2	3	3	44.6	45.2	44.9	798	802	800
	平均						35.4							41.9			792.5
鑫星169	宝坻	3	1	5	27.4	27.4	27.4	3	1	3	0	45	45.2	45.1	767	764	765.5
	保农仓	3	1	5	31.7			1	2	3	10	51.1		52.1	809	809	809
	蓟州	1	1	5	35.2	35	35.1	1	3	5	33	49.3	49.5	49.4	808	812	810
	优农	5	1	5	39	38.1	38.6	5	1	1	0	43.2	43	43.1	700	692	696
	作物所	1	1	5	28.6	30.2	29.4	1	2	3	4	50	49.6	49.8	822	814	818
	平均						32.6							47.9			779.7
小偃156	宝坻	1	1	5	17.1	17.5	17.3	1	1	1	0	51.2	51.6	51.4	812	812	812
	保农仓	1	1	5	27.8			3	2	3	5.5	53		53	824	824	824
	蓟州	1	1	5	31.2	31.4	31.3	3	2	3	7	48.4	48	48.2	799	799	799
	优农	3	1	5	41.5	40.4	41	5	1	1	0	43.5	43.6	43.6	754	753	753.5
	作物所	1	1	5	25.3	26.5	25.9	1	2	1	4	51.4	52	51.7	818	810	814
	平均						28.9							49.6			800.5

* 本章相关记载项目和标准依据《农作物品种（小麦）区域试验技术规程》（NY/T 1301—2007）。

品种名称	试点名称	穗型	壳色	芒	每穗粒数 第Ⅰ重复	每穗粒数 第Ⅱ重复	每穗粒数 平均	粒色	籽粒饱满度	粒质	黑胚率(%)	千粒重(克) 第Ⅰ重复	千粒重(克) 第Ⅱ重复	千粒重(克) 平均	容重(克/升) 第Ⅰ重复	容重(克/升) 第Ⅱ重复	容重(克/升) 平均
津农鉴1801	宝坻	1	1	5	17	17.4	17.2	5	2	1	0	45.6	45.5	45.6	802	802	802
	保农仓	1	1	5	28.4			3	2	3	4.4	51.1	51.2	61.1	823		823
	蓟州	1	1	5	30.5	30.1	30.3	3	3	3	9	50.8	51.2	51	826	828	827
	优农	5	1	5	34.1	35.3	34.7	5	1	1	0	39.7	39.5	39.6	772	775	773.5
	作物所	1	1	5	27.5	29.5	28.5	5	2	1	2	48.5	48.9	48.7	820	812	816
	平均						27.7							49.2			808.3
津农6号（CK）	宝坻	1	1	5	21.6	21.9	21.8	3	1	1	0	45.5	45.6	45.6	800	800	800
	宝坻	1	1	5	22.6	22.3	22.5	3	1	1	0	52.9	52.6	52.8	812	811	811.5
	蓟州	1	1	5	27.2	27.6	27.4	1	2	3	15	54.4	54	54.2	799	802	801
	蓟州	1	1	5	27.8	28.2	28	1	2	3	13	51.8	51.6	51.7	802	804	802
	蓟州	1	1	5	27.1	27.3	27.2	1	2	3	12	54.2	54	54.1	800	802	801
	优农	3	1	5	31.2	30.8	31	5	1	1	0	44	44.1	44.1	780	775	777.5
	作物所	1	1	5	27.4	29.2	28.3	1	3	1	3	51.4	52.4	51.9	809	805	807
	保农仓	1	1	5	31			1	2	1	3.8	54.4		55.4	806		806
	保农仓	1	1	5	27.6			1	2	1	6.3	55.4		55.4	810		810
	平均						26.6							51.7			801.8
津麦0118	宝坻	1	1	5	20.1	20.3	20.2	1	1	3	0	46.1	46.2	46.2	782	780	781
	保农仓	1	1	5	33.6			1	2	3	3.1	49.4		49.4	790		790
	蓟州	1	1	5	32.3	32.5	32.4	1	2	1	18	50.4	50.2	50.3	823	827	825
	优农	3	1	5	37.5	35.9	36.7	5	1	1	0	45.1	44.8	45	746	749	747.5
	作物所	1	1	5	29.6	28.6	29.1	1	2	1	0	47.8	48	47.9	817	811	814
	平均						29.6							47.8			791.5

（续表）

品种名称	试点名称	穗型	壳色	芒	每穗粒数			粒色	籽粒饱满度	粒质	黑胚率(%)	千粒重（克）			容重（克/升）		
					第Ⅰ重复	第Ⅱ重复	平均					第Ⅰ重复	第Ⅱ重复	平均	第Ⅰ重复	第Ⅱ重复	平均
津18019	宝坻	1	1	5	19.9	20.3	20.1	3	1	1	0	44.5	44.8	44.7	799	804	801.5
	保农仓	1	1	5	33.8			1	2	3	4.3	50.1		49.1	803		803
	蓟州	1	1	5	31.1	31.5	31.3	1	3	3	10	48.9	48.7	48.8	813	817	815
	优农	3	1	5	34	33.3	33.7	5	1	1	0	45.3	44.9	45.1	745	733	739
	作物所	1	1	5	27.9	26.5	27.2	1	2	1	0	46.6	46.2	46.4	801	807	804
	平均						28.1							46.8			792.5
津17鉴14	宝坻	1	1	5	26.6	26.3	26.5	1	1	1	0	48.9	48.6	48.8	768	766	767
	保农仓	1	1	5	33.2			1	2	1	2.4	57.5		57.5	818		818
	蓟州	1	1	5	27.5	27.5	27.5	1	3	3	8	54.2	54.1	54.2	799	801	800
	优农	3	1	5	30.7	30.1	30.4	5	1	1	0	50.2	50.2	50.2	708	703	705.5
	作物所	1	1	5	27.4	29.2	28.3	1	2	1	0	51.7	51.3	51.5	820	816	818
	平均						28.2							52.4			781.7
济麦70	宝坻	3	1	5	23.7	23.9	23.8	3	3	3	0	44.2	44.4	44.3	762	762	762
	保农仓	3	1	5	33.4			1	3	3	8.5	50.2		50.2	743		743
	蓟州	1	1	5	29.1	29.5	29.3	3	3	1	21	51.9	51.7	51.8	797	799	798
	优农	3	1	5	37.4	39.7	38.6	5	1	1	0	44.3	44.2	44.3	780	776	778
	作物所	1	1	5	30.1	31.5	30.8	1	3	1	0	47.9	47.5	47.7	793	789	791
	平均						30.6							47.7			774.4
济麦23	宝坻	1	1	5	22	22.3	22.2	3	1	1	0	50.6	50.5	50.6	781	781	781
	保农仓	1	1	5	27.9			1	2	1	1.2	57.5		57.5	800		800
	蓟州	1	1	5	27.9	27.8	27.9	3	3	1	3	49.9	55.1	55	803	807	805
	优农	3	1	5	29.2	26.3	27.8	5	1	1	0	43.3	43.1	43.2	771	761	766
	作物所	1	1	5	26.6	28.4	27.5	1	3	1	0	45.2	46.6	45.9	817	813	815
	平均						26.4							50.4			793.4

附表2-3 2021—2022年度天津市冬小麦生产试验参试品种（系）综合性状汇总

品种名称	试点名称	出苗期(月/日)	抽穗期(月/日)	成熟期(月/日)	全生育期(日)	幼苗习性	基本苗(万/亩)	最高总茎数(万/亩)	有效穗数(万/亩)	有效分蘖率(%)	株高(厘米)	冻害级别	冻害死茎率(%)	越冬百分率(%)	耐旱性	耐湿性	抗青干	倒状程度	倒状面积(%)	锈病反应型	锈病严重度(%)	锈病普遍率(%)	白粉病	蚜虫	细菌性条斑病	散黑穗病	穗发芽	落粒性	熟相
中麦98	宝坻	10/9	5/5	6/19	253	2	25.2	100.8	54.8	54.3	90.2	1	0	100	2	1	1	5	50	1	0	0	1	1	1	1	1	3	3
	优农	10/30	5/5	6/18	231	3	30	107.7	49	45.5	74.7	1	7.5	92.5	1	1	1	1	0	1	0	0	3	1	1	1	1	3	1
	保农仓	11/13	5/3	6/18	218	2	26.7	85.3	42.6	49.9	72	3	0	100	1	1	1	1	0	1	0	0	3	1	1	1	1	3	1
	蓟州	3/2	5/11	6/19	226	2	40.9	70	43.1	61.6	79				1	1	1	1	0	1	0	0	1	1	1	1	1	3	3
	作物所	10/26	1/5	6/16	233	2	24.9	92.5	45.9	49.6	71	2	0	100	1	1	1	1	0	1	0	0	3	3	1	1	1	3	3
	平均				232		29.5	91.3	47.1	52.2	77.4		1.9																
中麦100	宝坻	10/9	5/2	6/16	250	2	27.8	85.4	45.9	53.7	89.6	1	0	100	1	1	1	5	90	1	0	0	1	1	1	1	1	3	3
	保农仓	11/12	5/3	6/19	219	2	26	83.3	41.8	50.2	80	3	0	100	1	1	1	1	0	1	0	0	3	1	1	1	1	3	1
	蓟州	3/2	5/9	6/20	227	2	39.8	65.2	40.1	61.5	82				1	1	1	3	7	1	0	0	3	1	1	1	1	3	5
	优农	10/30	5/3	6/16	229	3	27.7	117.4	52.4	44.6	77.9	1+	2.4	97.6	1	1	1	1	0	1	0	0	3	1	1	1	1	3	1
	作物所	10/26	4/30	6/16	233	2	25.1	87.4	44.8	51.3	72	2	0.01	99.9	1	1	1	1	0	1	0	0	3	3	1	1	1	3	3
	平均				232		29.3	87.7	45	52.3	80.3		0.6																
鑫星169	宝坻	10/9	5/7	6/20	254	2	25.9	82.5	55.9	67.8	86.4	1	0	100	1	1	1	1	0	1	0	0	1	1	1	1	1	3	1
	保农仓	11/13	5/4	6/18	218	2	21.3	79.3	40.7	49.6	71	3	0	100	1	1	1	1	0	1	0	0	2	1	1	1	1	3	1
	蓟州	3/2	5/13	6/21	238	3	39.1	60.1	39.2	65.2	74				1	1	1	1	0	1	0	0	3	1	1	1	1	3	1
	优农	10/30	5/8	6/17	230	3	31.7	80.7	52	64.4	68.8	1+	0	100	1	1	1	1	0	1	0	0	3	3	1	1	1	3	3
	作物所	10/26	4/5	6/18	235	2	25.8	74.1	37.2	50.2	63	2	0.02	99.8	1	1	1	1	0	1	0	0	2	3	1	1	1	3	1
	平均				235		28.8	75.3	45	59.4	72.6		0																
小偃156	宝坻	10/9	5/5	6/19	253	2	27.4	90.8	51.3	56.5	88.3	1	0	100	1	1	1	4	1.5	1	0	0	1	1	1	1	1	3	1
	保农仓	11/12	5/3	6/18	219	2	19	80.7	36.5	44	70	3	0	100	1	1	1	1	0	1	0	0	3	1	1	1	1	3	1
	蓟州	3/2	5/10	6/20	227	3	39.5	60.2	39.8	66.1	74				1	1	1	1	0	1	0	0	4	1	1	1	1	3	3
	优农	10/30	5/6	6/16	229	3	35.7	109.7	42.7	38.9	75.5	1+	2.2	97.8	1	1	1	1	0	0	1	0	3	3	1	1	1	3	1
	作物所	10/26	1/5	6/17	234	2	26.1	77	39.7	51.6	60	2	0.02	99.8	1	1	1	1	1	1	0	0	2	3	1	1	1	3	1
	平均				232		29.5	83.7	42	51.4	73.6		0.6																

（续表）

品种名称	试点名称	出苗期(月/日)	抽穗期(月/日)	成熟期(月/日)	全生育期(日)	幼苗习性	基本苗(万/亩)	最高总茎数(万/亩)	有效穗数(万/亩)	有效分蘖率(%)	株高(厘米)	冻害级别	冻害死茎率(%)	越冬百分率(%)	耐旱性	耐湿性	抗干青干	倒状程度	倒状面积(%)	锈病反应型	锈病严重度(%)	锈病普遍率(%)	白粉病	蚜虫	细菌性条斑病	散黑穗病	穗发芽	落粒性	熟相
津农鉴1801	宝坻	10/9	5/5	6/19	253	2	25	101.7	53.2	52.3	95.6	1	0	100	2		1	5	15	1	0	0	1	1	1	1	1	3	1
	保农仓	11/12	5/4	6/17	218	2	25.3	81	43.5	53.7	84	3	0	100	1		1	1	0	1	0	0	4	1	1	1	1	3	1
	蓟州	3/2	5/11	6/21	228	2	39.7	78	40.1	51.4	81		0		1		1	1	3	1	0	0	4	1	1	1	1	3	3
	优农	10/30	5/7	6/17	230	3	23	136.1	55.7	40.9	83.4	1+	0	100	1		1	3	70	1	0	0	3	1	1	1	1	3	1
	作物所	10/26	2/5	6/17	234	2	25.9	87.7	43.8	49.9	75	2	0.01	99.9	1		1	1	0	1	0	0	4	3	1	1	1	3	3
	平均				233		27.8	96.9	47.3	49.6	83.8		0																
津农6号(CK)	宝坻	10/9	5/6	6/19	253	2	24.8	127.5	53.3	41.8	94.3	1	0	100	1		1	1	0	1	0	0	3	1	1	1	1	3	3
	宝坻	10/9	5/6	6/19	253	2	25.6	125	52.4	41.9	94.2	1	0	100	1		1	4	0.9	1	0	0	3	1	1	1	1	3	1
	蓟州	3/2	5/13	6/23	230	2	39.5	75	39.7	52.9	77		0		1		1	1	0	1	0	0	4	1	1	1	1	3	3
	蓟州	3/2	5/13	6/23	230	2	39.9	77.1	40.2	52.1	77		0		1		1	1	0	1	0	0	4	1	1	1	1	3	1
	蓟州	3/2	5/14	6/17	230	2	39.6	72.8	39.5	54.3	76		0		1		1	1	0	1	0	0	4	3	1	1	1	3	1
	优农	10/30	5/8	6/18	230	3	22	100.7	44.4	44.1	76.3	2	0	100	1		1	1	0	1	0	0	3	1	1	1	1	3	1
	作物所	10/26	3/5	6/17	235	2	24.5	80.5	40.3	50.1	62	2	0.02	99.8	1		1	1	0	1	0	0	4	1	1	1	1	3	1
	保农仓	11/12	5/4	6/17	218	2	22	70.3	35.5	50.5	75	3	0	100	1		1	1	0	1	0	0	3	1	1	1	1	3	1
	保农仓	11/12	5/4	6/17	218	2	21.3	72.7	39.2	53.9	75	3	0	100	1		1	1	0	1	0	0	3	1	1	1	1	3	1
	平均				233		28.8	89.1	42.7	49.1	78.5		0																
津麦0118	宝坻	10/9	5/8	6/20	254	2	25.6	95.8	55.4	57.8	93.8	1	0	100	1		1	5	3	1	0	0	1	1	1	1	1	3	1
	保农仓	11/12	5/5	6/19	220	2	25.3	81	42.6	52.6	76	3	0	100	1		1	1	0	1	0	0	1	1	1	1	1	3	1
	蓟州	3/2	5/11	6/24	231	2	40.7	70.3	43	61.2	76		0		1		1	2	4	1	0	0	1	1	1	1	1	3	1
	优农	10/30	5/7	6/17	230	3	26	99.4	52	52.3	76.5	2	0	100	1		1	1	0	1	0	0	3	1	1	1	1	3	1
	作物所	10/26	3/5	6/18	235	2	24.5	94.3	41.8	44.3	72	2	0.02	99.8	1		1	1	0	1	0	0	2	3	1	1	1	3	1
	平均				234		28.4	88.2	47	53.6	78.9		0																

（续表）

品种名称	试点名称	出苗期(月/日)	抽穗期(月/日)	成熟期(月/日)	全生育期(日)	幼苗习性	基本苗(万/亩)	最高总茎数(万/亩)	有效穗数(万/亩)	有效分蘖率(%)	株高(厘米)	冻害级别	冻害死茎率(%)	越冬百分率(%)	耐旱性	耐湿性	抗青干	倒伏程度	倒伏面积(%)	锈病反应型	锈病严重度(%)	锈病普遍率(%)	白粉病	蚜虫	细菌性条斑病	散黑穗病	穗发芽	落粒性	熟相
津18019	宝坻	10/9	5/6	6/18	252	2	26.7	114.6	56.6	49.4	82.4	1	0	100	1	1	1	1	0	1	0	0	1	1	1	1	1	3	1
	保农仓	11/12	5/4	6/18	219	2	20.7	73.7	35.2	47.8	66	3	0	100	1	1	1	1	0	1	0	0	3	1	1	1	1	3	1
	蓟州	3/2	5/11	6/22	229	2	40.6	75.2	41.9	55.7	76				1	1	1	1	0	1	0	0	3	1	1	1	1	3	3
	优农	10/30	5/8	6/16	229	3	24.7	88.4	53	60	71.8	2	0	100	1	1	1	1	0	1	0	0	3	1	1	1	1	3	1
	作物所	10/26	2/5	6/17	234	2	25.7	88.4	45.7	51.7	65	2	0.02	99.8	1	1	1	1	0	1	0	0	3	3	1	1	1	3	1
	平均				233		27.7	88.1	46.5	52.9	72.2		0		1	1	1			1					1	1			
津17鉴14	宝坻	10/9	5/7	6/19	253	2	27.5	119.6	57.5	48.1	87.4	1	0	100	1	1	1	1	0	1	0	0	1	1	1	1	1	3	1
	保农仓	11/12	5/4	6/18	219	2	20.7	71.3	33.5	47	70	3	0	100	1	1	1	1	0	1	0	0	3	1	1	1	1	3	1
	蓟州	3/2	5/13	6/21	228	2	39.1	73.1	39.2	53.6	72				1	1	1	1	0	1	0	0	4	1	1	1	1	3	3
	优农	10/30	5/7	6/18	229	3	25.3	100.7	43	42.7	75.3	1+	1.3	98.7	1	1	1	1	0	1	0	0	3	3	1	1	1	3	1
	作物所	10/26	2/5	6/18	235	2	24.8	89.2	42.4	47.5	67	2	0.02	99.8	1	1	1	1	1	0	1	0	3	3	1	1	1	3	3
	平均				233		27.5	90.8	43.1	47.8	74.3		0.3		1	1	1			1					1	1			
济麦70	宝坻	10/9	5/7	6/21	255	2	27	84.2	58.2	69.1	82.8	1	0	100	1	1	1	1	0	1	0	0	1	1	1	1	1	3	1
	保农仓	11/12	5/5	6/20	221	2	23	73.7	38.3	52	69	3	0	100	1	1	1	1	0	1	0	0	2	1	1	1	1	3	1
	蓟州	3/2	5/14	6/24	231	2	40.1	85.6	43.8	51.2	66				1	1	1	1	0	1	0	0	1	1	1	1	1	3	1
	优农	10/30	5/8	6/16	229	2	41.7	99.7	53	53.2	66.2	1+	0	100	1	1	1	1	0	1	0	0	3	1	1	1	1	3	1
	作物所	10/26	4/5	6/18	235	2	26.3	85.6	40.7	47.5	61	3	0.03	99.7	1	1	1	1	1	0	1	0	2	3	1	1	1	3	3
	平均				234		31.6	85.8	46.8	54.6	69		0		1	1	1			1					1	1			
济麦23	宝坻	10/9	5/5	6/20	254	2	27	104.2	55.9	53.7	89.7	1	0	100	1	1	1	4	1.5	1	0	0	1	1	1	1	1	3	1
	保农仓	11/12	5/4	6/19	220	2	19.5	82.3	45.2	48.8	70	3	0	100	1	1	1	1	0	1	0	0	3	1	1	1	1	3	1
	蓟州	3/2	5/11	6/23	230	2	40.1	71.4	40.5	56.7	73				1	1	1	1	0	1	0	0	3	1	1	1	1	3	1
	优农	10/30	5/6	6/16	229	3	34.4	91.4	58	63.5	69.6	1+	0	100	1	1	1	1	0	1	0	0	3	1	1	1	1	3	1
	作物所	10/26	2/5	6/18	235	2	25.5	72.8	41.2	56.6	63	3	0.03	99.7	1	1	1	1	1	0	1	0	2	3	1	1	1	3	1
	平均				234		29.3	84.4	48.2	55.9	73.1		0		1	1	1			1					1	1			

第三章 2021—2022年度天津市冬小麦区试品种抗寒性鉴定试验总结

一、试验目的

鉴定天津市冬小麦区试品种的抗寒性能，为天津市冬小麦的审定和推广提供依据。

二、试验设计及基本情况

2021—2022年度抗寒试验由宝坻区农业发展服务中心承担，试验地点位于宝坻区新安镇大赵村，土质为壤土，肥力中等，水浇地，前茬作物为春玉米。

2021—2022年度区试参试品种，A组有16个，B组有17个，其中对照品种均为津农6号，试验采用随机区组排列，3次重复，小区面积13.33米²（宽1.5米、长8.89米），每小区10行，行距15厘米，播种量按25万株/亩基本苗计算。

试验于2021年10月1日播种，播种方法为10行小区播种机播种，亩施底肥复混肥50千克（N：P：K=18：20：5）。10月9日出苗，12月4日浇封冻水。

三、试验鉴定方法及试验结果

试验鉴定采取田间目测法及计算枯株死茎法。

1. 群体调查结果

本试验于10月13日调查基本苗数，试验设计基本苗在25万株/亩（按供种单位提供的发芽率及千粒重计算）左右，经调查，乐土702芽势较弱，出苗率偏低，基本苗不足，多数品种基本苗在25万~30万株/亩，11月23日调查冬前总茎数、冬前叶龄、冬前次生根。具体调查结果见表3-1至表3-4。

表3-1 2021—2022年度冬小麦基本苗冬前苗调查情况（A组）
（调查数据为3次重复平均数）

序号	品种名称	基本苗（万株/亩）	冬前总茎数（万株/亩）	单株茎数（个/株）	冬前叶龄（条/株）	冬前次生根（个/株）	亩活茎数（万株/亩）
1	津农6号（CK）	27.4	144.1	5.2	6.0	5.4	144.1
2	鑫瑞麦77	29.2	144.4	5.0	5.1	3.7	144.4
3	中麦108	29.0	114.2	4.0	6.0	7.6	114.2
4	农大105	28.8	147.5	5.1	5.5	5.6	147.5
5	小偃155	28.6	139.0	5.0	5.8	5.3	139.0
6	乐土18	27.7	138.4	5.0	5.4	5.7	138.4
7	济麦5172	27.4	114.8	4.2	5.3	3.3	114.8
8	津麦5038	29.2	152.3	5.3	5.6	4.5	152.3
9	鲁原158	28.4	151.6	5.4	5.8	4.7	151.2
10	润麦2008	27.6	128.8	4.7	5.5	5.5	127.5
11	津农鉴196	29.0	150.4	5.4	5.5	6.0	150.1
12	津丰96	27.3	135.3	5.0	5.4	5.5	135.3
13	兰德麦856	29.0	124.9	4.5	5.2	4.6	124.9
14	JM038	27.6	127.9	4.6	5.8	4.6	127.5
15	津农18	28.4	134.1	4.7	5.7	4.5	134.1
16	FW-12	25.0	136.4	5.5	5.7	4.9	135.4

表 3-2 2021—2022 年度冬小麦基本苗冬前苗调查情况（B 组）

（调查数据为 3 次重复平均数）

序号	品种名称	基本苗 （万株/亩）	冬前总茎数 （万株/亩）	单株茎数 （个/株）	冬前叶龄 （条/株）	冬前次生根 （个/株）	亩活茎数 （万株/亩）
1	津农 6 号（CK）	28.7	143.7	5.0	5.9	5.3	143.7
2	成玉 17	26.8	154.5	5.9	5.6	4.3	154.5
3	盈亿 166	24.9	151.1	6.1	5.8	5.7	151.1
4	乐土 702	22.5	121.9	5.5	5.5	5.0	121.9
5	FH801	28.4	129.6	4.7	5.6	4.6	129.3
6	农大 8156	28.0	142.2	5.2	5.5	4.4	142.0
7	津农 19	29.0	152.6	5.3	5.6	5.1	152.6
8	津农 20	28.0	143.9	5.1	5.8	5.2	143.9
9	鲁研 951	27.3	135.5	5.0	5.8	4.2	135.5
10	中麦 806	29.8	178.5	6.1	5.7	4.4	178.5
11	津 18019	25.2	125.6	5.0	6.0	5.0	125.6
12	津农鉴 1801	24.4	143.1	6.2	5.9	4.6	143.1
13	中麦 98	28.7	169.8	6.0	5.8	5.4	169.8
14	津麦 0118	29.8	137.5	4.7	5.5	4.3	137.5
15	中麦 578	29.6	127.4	4.4	5.1	3.9	127.4
16	中麦 100	28.4	183.0	6.5	6.0	6.1	183.0
17	济麦 70	27.9	131.2	4.7	5.1	4.3	131.2

2. 田间抗寒性调查结果

2022 年 2 月 25 日用田间目测法调查各参试品种的冻害程度。3 月上旬开始返青，3 月 22 日田间挖取麦苗，调查品种抗寒情况。

表 3-3 2021—2022 年度天津市冬小麦区试品种田间抗寒性鉴定（A 组）

（调查数据为 3 次重复平均数）

序号	品种名称	冻害级别	死株率（%）	死茎率（%）	抗寒级别	评价
1	津农 6 号（CK）	4	0	0	1	好
2	鑫瑞麦 77	4	0	0	1	好
3	中麦 108	4	0	0	1	好
4	农大 105	4	0	0	1	好
5	小偃 155	4	0	0	1	好
6	乐土 18	4	0	0	1	好
7	济麦 5172	4	0	0	1	好
8	津麦 5038	3	0	0	1	好
9	鲁原 158	5	0	0.2	1	好
10	润麦 2008	5	0	1.0	1	好
11	津农鉴 196	4	0	0.2	1	好
12	津丰 96	3	0	0	1	好
13	兰德麦 856	3	0	0	1	好

序号	品种名称	冻害级别	死株率（%）	死茎率（%）	抗寒级别	评价
14	JM038	4	0	0.4	1	好
15	津农 18	4	0	0	1	好
16	FW-12	5	0.5	0.8	1	好

表 3-4　2021—2022 年度天津市冬小麦区试品种田间抗寒性鉴定（B 组）
（调查数据为 3 次重复平均数）

序号	品种名称	冻害级别	死株率（%）	死茎率（%）	抗寒级别	评价
1	津农 6 号（CK）	4	0	0	1	好
2	成玉 17	4	0	0	1	好
3	盈亿 166	4	0	0	1	好
4	乐土 702	5	0	0	1	好
5	FH801	4	0	0.2	1	好
6	农大 8156	4	0	0.1	1	好
7	津农 19	5	0	0	1	好
8	津农 20	4	0	0	1	好
9	鲁研 951	4	0	0	1	好
10	中麦 806	4	0	0	1	好
11	津 18019	4	0	0	1	好
12	津农鉴 1801	4	0	0	1	好
13	中麦 98	3	0	0	1	好
14	津麦 0118	4	0	0	1	好
15	中麦 578	4	0	0	1	好
16	中麦 100	4	0	0	1	号
17	济麦 70	4	0	0	1	号

四、品种评价

2021—2022 年度参试品种在越冬期地上部分冻死，润麦 2008、FW-12、乐土 702 冻害程度为 4 级，其他品种均在 3 级以内。春季冻害调查结果显示，除鲁原 158、润麦 2008、FW-12、乐土 702、津农 19 为 5 级冻害，其他品种均在 3~4 级。抗寒级别调查结果显示，参试品种死株死茎率较少，所有参试品种（含对照）抗寒级别为 1 级，抗寒性好。受 2022 年 3 月 17—18 日降雪、降温影响，润麦 2008、FW-12 小区叶片出现黄尖，其他参试品种未受影响。

五、越冬期间气象条件分析

2021 年 9 月降水量偏多，土壤湿涝严重，9 月下旬晴天较少，土地旋耕后多出现土块，整地质量一般。10 月 1 日抢时播种，因土壤湿度过大，不能镇压，播种后出现多日连阴雨，对土壤起到了很好的封闭作用，10 月 10 日前后，小麦正常出苗，未受影响。整个 10 月平均气温为 12.2℃，比历年同期（12.8℃）偏低 0.6℃，10 月降水全部集中在上旬，降水量为 69.3 毫米，比历年同期（26.9 毫米）偏多 42.4 毫米。10 月日照时数为 202.9 小时，比历年同期（206.6 小时）偏少 3.7 小时。整个 11 月平均气温为 4.9℃，比历年同期（3.7℃）偏高 1.2℃，11 月降水量为 36.9 毫米，比历年同期（10.3 毫米）偏多 26.6 毫米。11 月日照时数为 158.8 小时，比历年同期（174.2 小时）偏少 15.4 小时。从气温条件看，10 月与历年相比气温基本持平，10 月中下旬至 11 月初天气晴好，温度持续保持稳定，利于冬小麦冬前蘖和次生根的形成；11 月 6—7 日出现暴雪天气，利于冬小麦抗寒锻炼，11 月中下旬试验区大部晴好天气较多，气温平均维持在0℃以上，光温水条件适宜；11月19—23日、29日至12月1日的寒潮天气过程，对苗期冬小麦无明显不利影响，一定程度上利于冬前抗寒锻炼。

整个12月月平均气温为-0.5℃，比历年同期（-2.6℃）偏高2.1℃，降水量为1.2毫米，比历年同期（3.6毫米）偏少2.4毫米。日照时数为218.3小时，比历年同期（170.5小时）偏多47.8小时。12月中旬平均气温降到0℃以下，小麦停止生长，冬前蘖较多，次生根发达，冬前苗质量较好。

2022年1月平均气温为-3.1℃，比历年同期（-5.0℃）高1.9℃，1月16日月最低温-12℃；1月22日、30日分别降小雪和中雪，降水量为5.5毫米，比历年同期（2.8毫米）偏多2.7毫米。日照时数为204.2小时，比历年同期（182.3小时）偏多21.9小时。

2022年2月平均气温为-2.3℃，比历年同期（-1.2℃）偏低1.1℃，2月14日月最低温-13℃，下旬平均气温升至0℃以上；2月13日降大雪，降水量为5.3毫米，比历年同期（3.4毫米）偏多1.9毫米。日照时数为227.3小时，比历年同期（183.8小时）偏多43.5小时。2月底部分小麦品种开始返青。

3月上旬气温为6.1℃，比历年同期（2.7℃）偏高3.4℃，无降水，比历年同期（2.2毫米）偏少2.2毫米。日照时数为96.8小时，比历年同期（73.4小时）偏多23.4小时。3月中旬气温为5.7℃，比历年同期（5.5℃）偏高0.2℃；12—13日连续降雨，17—18日连续降雪，降水量为17.2毫米，比历年同期（2.6毫米）偏多14.6毫米。日照时数为49小时，比历年同期（66.9小时）偏少17.9小时。

2021年12月至2022年3月的气候特点：12月上旬气温持续高位，后期气温变化较平稳，12月至翌年1月平均气温较常年稍高，无极端低气温。有效降水量较少，浇封冻水后，土壤水分充足。日照时数较常年偏多。冬小麦养分积累充足，冬前分蘖多，次生根发达，冬前苗质量较好，冬小麦参试品种冻害程度较轻。2月无极端低气温，2月下旬至3月上旬气温稳定回升，冬小麦顺利返青。

第四章 2022年天津市春小麦生产试验总结

一、试验目的

客观、公正、科学地评价新育成小麦品种在天津市的丰产性、适应性、抗逆性、品质及其利用价值，为天津市小麦新品种审定提供依据。

二、参试品种及承试单位

1. 参试品种

各参试品种和育种单位见表4-1。

表4-1 2022年天津市春小麦生产试验参试品种一览

序号	年次	品种	育种单位
1	3	35TC	玉田县金玉田农业有限责任公司
2	3	36TC	玉田县金玉田农业有限责任公司
3		津强5号（CK）	

2. 承试单位

天津市蓟州区良种繁殖场（蓟州）、天津市宝坻区农业发展服务中心（宝坻）、天津保农仓农业科技有限公司（保农仓）、天津市农作物研究所（作物所）、天津市优质农产品开发示范中心（优农）、天津金世神农种业有限公司（金世神农）。

三、试验管理

试验管理见表4-2。

表4-2 2022年天津市春小麦区域试验田间管理概况

项目	蓟州	宝坻	保农仓	作物所	金世神农	优农
前茬	玉米	玉米	玉米	玉米	玉米	冬小麦
土质	黏土	壤土	重壤土	中壤	盐化潮土	盐碱黏土
底肥	3月8日底施45%硫酸钾型复合肥（N：P：K＝14：16：15）60千克/亩	2月28日每亩撒施50千克掺混肥48%（N：P：K＝20：23：5）	2月23日亩底施有机肥1.5吨，小麦配方肥40千克(N：P：K=15：23：12)	2021年11月27日亩施磷酸二铵25千克	2021年11月2日亩施复合肥（20：16：6）40千克＋磷酸二铵5千克	2月10日每亩机械条施复合肥（20：14：6）40千克/亩
追肥	4月19日人工撒施尿素20千克/亩后浇水	4月17日浇水，亩施尿素40千克	4月8日随返青水亩追施尿素20千克。5月7日浇二水，施尿素15千克	4月7日亩追施尿素15千克，4月27日亩追施尿素10千克	4月8日人工追施尿素25千克/亩	4月12日人工追施尿素（46%）25千克/亩
水（旱）地	水浇地	水浇地	水浇地	水浇地	水浇地	水浇地
浇水	3月31日、4月20日、5月25日各浇水1次，方法为漫灌	3月9日喷灌；4月17日、4月29日、5月26日各浇水1次	4月8日、5月7日各浇水1次	4月7日、4月27日、5月19日各浇水1次	4月8日、5月10日大水漫灌各1次	4月12日、4月30日、5月28日各浇水1次

（续表）

项目	蓟州	宝坻	保农仓	作物所	金世神农	优农
中耕除草	4月13日人工喷施氟唑磺隆＋双氟·滴辛酯，化学除草1次	3月30日人工除草1次	4月16日使用锐超麦化学除草1次	4月13日喷施除草剂1次，5月8日人工除草1次	4月12日喷施10%苯磺隆可湿性粉剂10克/亩，兑水30千克喷雾	3月21日、4月14日人工除草各1次
植保	5月11日、5月27日用无人机喷施噻虫高氯氟＋磷酸二氢钾，防治蚜虫、吸浆虫	5月16日用高效氯氟氰菊酯叶面喷雾，防治蚜虫、吸浆虫	5月11日、5月27日分别用无人机喷施呋虫胺、三唑酮、磷酸二氢钾混合液，防治蚜虫、吸浆虫、白粉病	5月4日、5月11日防治蚜虫，用70%吡虫啉水分散性粒剂喷洒	5月12日、5月17日使用吡虫啉，无人机喷雾防治蚜虫	5月14日和5月31日无人机喷施高效氯氟氰菊酯、啶虫脒防治蚜虫
其他	3月9日播种，6月25日收获	3月2日播种，6月21日收获	2月24日播种，6月23日收获	2月24日播种，6月24日收获	2月22日播种，6月18日收获	2月10日播种，6月25日收获

四、气象条件

经对气象资料分析，2022年各试验点春小麦生育期间，主要表现为以下几个气候特点。

（1）2022年春小麦各试点适期播种。播种后，气温、光照良好，没有极端天气和倒春寒情况发生，出苗情况良好。

（2）拔节期气温和日照与常年持平，大部分地区降水较常年偏少，各试点灌溉及时，对春小麦的孕穗、抽穗影响不大。

（3）灌浆期至成熟期温度适宜，6月中旬降水偏多，有倒伏现象，收获期适当延后。

五、试验结果

2022年对照品种为津强5号，共有2个参试品种，试验结果见附表4-1、附表4-2和附表4-3。

附表 4-1　2022 年天津市春小麦生产试验各试点参试品种产量汇总

品种名称	试点名称	小区产量（千克）	平均亩产量（千克）	比对照增减（%）
津强 5 号（CK）	宝坻	236.966	473.930	
	保农仓	245.180	490.400	
	蓟州	244.781	489.560	
	优农	216.860	433.380	
	作物所	182.810	369.314	
	金世神农	248.650	497.300	
	平均	229.210	458.980	
36TC	宝坻	245.667	491.330	3.67
	保农仓	238.390	476.800	−2.78
	蓟州	264.747	529.490	8.16
	优农	238.220	476.060	9.85
	作物所	195.119	394.182	6.76
	金世神农	272.320	544.640	9.52
	平均	242.410	485.420	5.76
35TC	宝坻	245.517	491.030	3.61
	保农仓	256.140	512.300	4.46
	蓟州	256.881	513.760	4.94
	优农	273.910	547.380	26.31
	作物所	186.476	376.721	2.03
	金世神农	295.040	590.080	18.66
	平均	252.330	505.210	10.07

附表4-2 2022年天津市春小麦生产试验参试品种（系）室内考种结果汇总*

品种名称	试点名称	穗型	壳色	芒	每穗粒数 第Ⅰ重复	每穗粒数 第Ⅱ重复	每穗粒数 平均	粒色	籽粒饱满度	粒质	千粒重（克）第Ⅰ重复	千粒重（克）第Ⅱ重复	千粒重（克）平均	容重（克/升）第Ⅰ重复	容重（克/升）第Ⅱ重复	容重（克/升）平均
津强5号（CK）	宝坻	1	1	5	32.2	32.4	32.3	5	2	1	42.8	42.6	42.7	804	806	805
	保农仓	1	1	5	29.6		29.6	3	2	1	41.6	41.6	41.6	787		787
	蓟州	1	1	5	33.8	34.6	34.2	5	3	1	39.2	39.6	39.4	784	783	784
	优农	1	1	5	29.2		29.2	1	1	1	37.9	38.2	38.1	727	729	728
	作物所	1	1	5	23.6	22.2	22.9	5	2	1	41.2	41.6	41.4	780	780	780
	金世神农	5	1	5	27.8	28.2	28.2	5	1	1	38.9	39.2	39.1	782.7	786.5	784.6
	平均						29.4						40.38			778.1
36TC	宝坻	1	1	5	35.6	35.4	35.5	5	2	1	41.7	41.9	41.8	796	794	795
	保农仓	1	1	5	29.6		29.6	5	1	1	42.7		42.7	800		800
	蓟州	1	1	5	38.4	38.6	38.5	5	2	1	40.1	40.5	40.3	787	786	787
	优农	1	1	5	47.3		47.3	1	1	1	39.5	39.6	39.6	754	754	754
	作物所	1	1	5	21.4	22.8	22.1	5	2	1	41.5	41.9	41.7	796	790	793
	金世神农	5	1	5	39.4	38.9	39.2	5	1	1	44.3	43.9	44.1	780.4	775.6	778
	平均						35.367						41.70			784.5
35TC	宝坻	1	1	5	37.5	37.9	37.7	5	2	1	42.7	42.5	42.6	782	784	783
	保农仓	1	1	5	30.2		30.2	5	2	1	42.9	41	42.9	803		803
	蓟州	1	1	5	38	37.2	37.6	1	3	1	40.6	41	40.8	777	774	776
	优农	1	1	5	37.9		37.9	1	1	1	38.1	38.4	38.3	788	782	785
	作物所	1	1	5	21.3	22.1	21.7	5	2	1	43.1	42.5	42.8	791	789	790
	金世神农	5	1	5	52.7	52.4	52.6	5	2	1	38.5	38.8	38.7	778.2	782.9	780.1
	平均						36.283						41.02			786.18

* 本章相关记载项目和标准依据《农作物品种（小麦）区域试验技术规程》（NY/T 1301—2007）

附表4-3　2022年天津市春小麦生产试验参试品种（系）综合性状汇总

品种名称	试点名称	出苗期(月/日)	抽穗期(月/日)	成熟期(月/日)	全生育期(日)	幼苗习性	基本苗(万/亩)	最高总茎数(万/亩)	有效穗数(万/亩)	有效分蘖率(%)	株高(厘米)	倒伏程度	倒伏面积(%)	白粉病	叶锈病	秆锈病	蚜虫	其他	穗发芽	落粒性	熟相
津强5号(CK)	宝坻	3/26	5/5	6/17	107	1	39.2	57.1	38	66.6	104.2	1	0	1	1	1	1	—	1	3	1
	保农仓	3/20	5/4	6/21	93	1	35.7	65.7	40.3	61.34	92	3	85	4	1	1	1		1	3	3
	蓟州	3/30	5/12	6/21	104	2	40.8	97.2	44.1	45.4	93	1	0	3	1	1	1		1	3	1
	优农	3/22	5/9	6/22	132	3	37.8	68.4	49.6	72.5	88.5	1	0	3	1	1	3	1	1	3	1
	作物所	3/20	3/5	6/21	93	3	40.1	60.6	43	71	85	1	10	3	1	1	1		3	3	3
	金世神农	3/21	11/5	6/19	116	5	41.5	91.6	46.3	48.8	98.4	1	0	3	1	1	1	1	1	3	1
	平均				107.5		39.2	73.4	43.6	60.9	93.5										
36TC	宝坻	3/26	5/9	6/21	111	1	39.6	54.2	38.9	71.9	96.5	1	0	1	1	1	1	—	1	3	1
	保农仓	3/20	5/5	6/20	92	1	31	55.7	39.7	71.32	87	4	50	1	1	1	1		1	3	1
	蓟州	3/30	5/16	6/24	107	2	40.2	94.5	41.2	43.6	85	1	0	3	1	1	2		1	3	1
	优农	3/23	5/11	6/23	133	3	36.5	68.3	50.3	73.6	72.2	3	30	2	1	1	1	1	1	3	1
	作物所	3/20	6/5	6/23	95	3	40.5	65.1	45.3	69.6	80	1	0	1	1	1	1		3	1	1
	金世神农	3/21	5/14	6/21	118	5	36	76.6	38.6	48.2	93.3	1	0	1	1	1	1	1	1	3	1
	平均				109.3		37.3	69.1	42.3	63.0	85.7										
35TC	宝坻	3/26	5/6	6/21	111	1	40.8	51.7	35.1	68	96.7	1	0	1	1	1	1	—	1	3	1
	保农仓	3/20	5/5	6/21	93	1	33	60	41.7	69.5	88	4	50	1	1	1	1		1	3	1
	蓟州	3/30	5/15	6/23	106	2	39.8	86.5	40.5	46.8	86	1	0	1	1	1	1		1	3	1
	优农	3/23	5/11	6/23	133	3	39.2	72.1	51	70.7	70.7	1	0	3	1	1	2	1	3	1	1
	作物所	3/20	6/5	6/23	93	3	40.6	59.8	44.9	75.1	80	1	0	2	1	1	1		3	1	1
	金世神农	3/21	5/14	6/21	119	5	36.3	54.9	39	60.1	94.8	1	0.3	1	1	1	1	1	3	1	1
	平均				109.2		38.3	64.2	42.0	65.0	86.0										

第五章 2022 年天津市春稻品种区域试验总结

一、试验目的

加快育种科研成果转化为生产力的步伐，实现水稻新品种更新换代和技术推广，筛选适合天津市种植的丰产性、优质性、抗性好、适应性强的水稻品种，为品种审定和品种布局提供依据。

二、参试品种、供种单位及承试单位

1. 参试品种

春稻区试共有 11 个参试品种，生试共有 2 个参试品种，对照品种均为津原 E28。

2. 供种单位

详见表 5-1。

表 5-1　2022 年天津市春稻品种区域试验参试品种及育种（供种）单位

序号	品种名称	育种（供种）单位	参试年限
1	津育粳 33	天津市农业科学院	第二年
2	优农粳 239	天津市优质农产品开发示范中心	第二年
3	天食 3 号	天津农垦小站稻产业发展有限公司	第一年
4	UP54	天津市优质农产品开发示范中心	第一年
5	津育粳 35	天津市农业科学院	第一年
6	天隆粳 17	天津天隆科技股份有限公司	第一年
7	津原 128	天津市优质农产品开发示范中心	第一年
8	优农粳 330	天津市优质农产品开发示范中心	第一年
9	津粳优 1821	天津市水稻研究所	第一年
10	津粳优 2025	天津农学院	第一年
11	津粳优 2226	天津农学院	第一年
12	津原 E28（CK）	天津市原种场	对照
13	天隆粳 5 号	天津天隆科技股份有限公司	生试
14	津育粳 31	天津市农业科学院	生试

3. 承试单位

天津市原种场（原种场）、天津市水稻所（水稻所）、天津市农作物研究所（作物所）、天津天隆种业科技有限公司（天隆）、天津市玉米良种场（玉米场）。

三、试验方法及田间管理

1. 试验方法

试验采用完全随机区组设计，3 次重复，小区面积为 13.33 米^2，四周均设保护行。

2. 田间管理

所有参试品种同期播种、移栽、耕作，栽培措施与大田生产相同，只治虫不防病（纹枯病除外）。

四、试验结果与分析

2022 年春稻区参试品种试验结果汇总分析显示：秧田期品种出苗良好，本田期缓苗较好。参试品种产量范围在 605.79~713.37 千克/亩，均比对照津原 E28 增产。

结果表明（表 5-2 至表 5-6）：参试品种均比对照增产，较对照增产达极显著水平。

表 5-2 2022 年天津市春稻品种区域试验水稻区试方差分析

变异来源	自由度	平方和	均方	F 值	概率（小于 0.05 显著）
试点内区组	10	6.913 14	0.691 31	2.138 04	0.027
品种	11	47.871 53	4.351 96	13.459 37	0
试点名称	4	87.703 47	21.925 87	67.810 48	0
品种×试点	44	44.717 12	1.016 30	3.143 12	0
误差	110	35.567 44	0.323 34		
总变异	179	222.772 70			

注：本试验的误差变异系数 CV（%）= 4.242。

表 5-3 2022 年天津市春稻品种区域试验品种均值多重比较（LSD 法）

品种名称	品种均值	0.05 显著性	0.01 显著性
津粳优 2025	14.268 46	a	A
津粳优 2226	13.912 04	ab	AB
优农粳 330	13.818 10	bc	ABC
津粳优 1821	13.634 30	bcd	BCD
UP54	13.531 65	bcde	BCDE
优农粳 239	13.480 24	cde	BCDE
津育粳 35	13.479 36	cde	BCDE
天食 3 号	13.292 08	def	CDE
天隆粳 17	13.162 47	ef	DE
津原 128	13.133 04	ef	DE
津育粳 33	13.045 77	f	E
津原 E28（CK）	12.114 82	g	F

注：$LSD_{0.05}$ = 0.413 2；$LSD_{0.01}$ = 0.546 1。

表 5-4 2022 年天津市春稻品种区域试验品种稳定性分析（Shukla 稳定性方差）

品种名称	DF	Shukla 方差	F 值	概率	互作方差	品种均值	Shukla 变异系数
UP54	4	0.194 98	1.809 0	0.132	0.087 2	13.531 7	3.263 2%
津粳优 1821	4	0.531 28	4.929 1	0.001	0.423 5	13.634 3	5.346 0%
津粳优 2025	4	0.517 69	4.803 0	0.001	0.409 9	14.268 5	5.042 6%
津粳优 2226	4	0.746 26	6.923 6	0	0.638 5	13.912 0	6.209 5%
津育粳 33	4	0.435 34	4.038 9	0.004	0.327 6	13.045 8	5.057 6%
津育粳 35	4	0.402 77	3.736 8	0.007	0.295 0	13.479 4	4.708 2%
津原 128	4	0.324 02	3.006 1	0.021	0.216 2	13.133 0	4.334 3%
津原 E28（CK）	4	0.175 29	1.626 3	0.173	0.067 5	12.114 8	3.455 9%
天隆粳 17	4	0.195 52	1.814 0	0.131	0.087 7	13.162 5	3.359 4%
天食 3 号	4	0.245 14	2.274 3	0.066	0.137 4	13.292 1	3.724 9%
优农粳 239	4	0.067 33	0.624 6	0.646	0	13.480 2	1.924 8%
优农粳 330	4	0.228 99	2.124 5	0.083	0.121 2	13.818 1	3.463 0%
误差	110	0.107 79					

结果表明：各品种 Shukla 方差同质性检验（Bartlett 测验）Prob. = 0.756 44，同质，各品种稳定性差异不显著。

表 5-5　2022 年天津市春稻品种区域试验品种 **Shulka** 方差的多重比较

品种名称	Shukla 方差	0.05 显著性	0.01 显著性
津粳优 2226	0.746 26	a	A
津粳优 1821	0.531 28	a	A
津粳优 2025	0.517 69	a	A
津育粳 33	0.435 34	a	A
津育粳 35	0.402 77	ab	A
津原 128	0.324 02	ab	A
天食 3 号	0.245 14	ab	A
优农粳 330	0.228 99	ab	A
天隆粳 17	0.195 52	ab	A
UP54	0.194 98	ab	A
津原 E28（CK）	0.175 29	ab	A
优农粳 239	0.067 33	b	A

表 5-6　2022 年天津市春稻品种区域试验品种适应度分析

品种名称	品种均值	适应度（%）
UP54	13.531 65	80.000
津粳优 1821	13.634 30	60.000
津粳优 2025	14.268 46	80.000
津粳优 2226	13.912 04	80.000
津育粳 33	13.045 77	40.000
津育粳 35	13.479 36	60.000
津原 128	13.133 04	40.000
津原 E28（CK）	12.114 81	
天隆粳 17	13.162 47	40.000
天食 3 号	13.292 08	40.000
优农粳 239	13.480 24	60.000
优农粳 330	13.818 10	80.000

2022 年春稻品种区试数据汇总详见附表 5-1、附表 5-2 和附表 5-3。

附表5-1 2022年天津市春稻品种区域试验参试品种综合性状调查情况

品种名称	试点名称	播种期（月/日）	移栽期（月/日）	秧龄（天）	始穗期（月/日）	齐穗期（月/日）	成熟期（月/日）	全生育期（天）	基本苗（万株/亩）	最高苗（万株/亩）	分蘖率（%）	有效穗（万穗/亩）	成穗率（%）	株高（厘米）	穗长（厘米）	单穗总粒数（粒）	单穗实粒数（粒）	结实率（%）	千粒重（克）
天隆粳17	水稻所	4/14	5/28	44	8/15	8/23	10/3	172	5.7	21.7	280.7	15.8	72.8	108.0	19.8	159.4	149.5	93.8	26.9
	天隆	4/12	5/17	35	8/15	8/19	10/4	175	6.0	19.6	226.4	16.1	82.2	106.7	21.7	207.8	202.1	97.3	26.8
	玉米场	4/11	5/16	35	8/12	8/15	9/29	171	6.4	29.7	364.1	25.0	84.2	106.0	19.8	176.7	166.4	94.2	21.4
	原种场	4/6	5/21	45	8/10	8/17	9/22	169	4.1	23.4	465.6	14.5	62.2	98.5	21.3	165.0	156.0	94.6	27.0
	作物所	4/13	5/27	44	8/20	8/19	10/8	178	2.9	22.9	692.7	18.0	78.6	109.0	19.4	207.7	177.1	85.3	22.1
	平均							173.0	5.0	23.5	405.9	17.9	76.0	105.6	20.4	183.3	170.2	93.0	24.8
津原128	水稻所	4/14	5/28	44	8/9	8/19	10/5	174	5.6	25.2	350.0	21.7	86.1	114.5	16.2	112.6	101.7	90.3	24.9
	天隆	4/12	5/17	35	8/5	8/10	10/2	173	6.0	22.4	273.2	18.9	84.4	109.3	19.4	145.2	135.8	93.5	26.8
	玉米场	4/11	5/16	35	8/9	8/13	9/30	172	6.1	32.2	427.9	26.7	82.9	102.5	16.5	123.5	107.1	86.7	23.8
	原种场	4/6	5/21	45	8/9	8/16	9/20	167	4.2	31.4	642.1	22.2	70.6	98.5	17.2	116.0	110.0	94.8	29.0
	作物所	4/13	5/27	44	8/13	8/10	10/3	173	3.4	21.5	524.2	19.4	90.4	113.1	19.0	184.0	145.7	79.2	25.0
	平均							171.8	5.1	26.5	443.5	21.8	82.9	107.6	17.7	136.3	120.1	88.9	25.9
天食3号	水稻所	4/14	5/28	44	8/15	8/24	10/12	181	5.8	24.2	317.2	18.6	76.9	110.4	18.3	176.1	167.2	94.9	27.4
	天隆	4/12	5/17	35	8/9	8/14	10/3	174	6.0	19.0	217.0	15.1	79.4	111.3	19.5	166.5	155.1	93.2	27.4
	玉米场	4/11	5/16	35	8/14	8/16	10/1	173	7.5	30	300.0	25.6	85.3	103.5	15.5	99.1	92.8	93.6	28.7
	原种场	4/6	5/21	45	8/12	8/19	9/29	176	4.2	23.1	448.7	14.0	60.7	106.0	18.7	179.0	169.0	94.4	29.3
	作物所	4/13	5/27	44	8/19	8/24	10/5	175	3.2	18.8	483.4	17.7	94.0	116.3	19.6	240.5	174.8	72.7	24.3
	平均							175.8	5.3	23.0	353.3	18.2	79.2	109.5	18.3	172.2	151.8	89.8	27.4

（续表）

品种名称	试点名称	播种期（月/日）	移栽期（月/日）	秧龄（天）	始穗期（月/日）	齐穗期（月/日）	成熟期（月/日）	全生育期（天）	基本苗（万株/亩）	最高苗（万株/亩）	分蘖率（%）	有效穗（万穗/亩）	成穗率（%）	株高（厘米）	穗长（厘米）	单穗总粒数（粒）	单穗实粒数（粒）	结实率（%）	千粒重（克）
津粳优2226	水稻所	4/14	5/28	44	7/30	8/5	9/25	164	6.6	22.2	236.4	15.3	68.9	118.4	19.2	220.3	206.9	93.9	26.6
	天隆	4/12	5/17	35	7/25	7/30	9/25	166	6.0	16.5	175.0	12.5	75.8	115.7	23.0	295.5	287.5	97.3	27.9
	玉米场	4/11	5/16	35	7/25	7/29	9/28	170	6.9	25.8	273.9	19.4	75.2	114.0	17.5	206.2	171.3	83.1	24.9
	原种场	4/6	5/21	45	7/27	8/3	9/21	168	4.2	28.1	574.3	13.2	46.8	112.0	19.1	180.0	147.0	81.7	26.8
	作物所	4/13	5/27	44	7/29	7/30	10/1	171	4.3	18.8	333.8	14.3	76.2	133.8	20.3	313.6	267.9	85.4	25.4
	平均							167.8	5.6	22.3	318.7	14.9	68.6	118.8	19.8	243.1	216.1	88.3	26.3
津粳优1821	水稻所	4/14	5/28	44	7/30	8/5	9/23	162	5.2	26.4	407.7	23.6	89.4	122.1	18.9	239.1	218.4	91.3	27.8
	天隆	4/12	5/17	35	7/27	8/1	9/28	169	6.0	21.3	255.8	16.8	78.7	119.3	18.3	189.5	161.9	85.4	29.2
	玉米场	4/11	5/16	35	7/26	7/30	9/28	170	6.4	29.7	364.1	21.1	71.0	115.5	18.5	206.0	144.7	70.2	25.2
	原种场	4/6	5/21	45	7/26	8/2	9/17	164	4.1	28.3	596.1	15.0	52.8	116.0	19.3	147.0	123.0	83.7	28.1
	作物所	4/13	5/27	44	7/25	8/1	9/28	168	3.6	20.9	487.8	14.9	71.2	132.7	20.3	317.5	270.3	85.1	27.4
	平均							166.6	5.0	25.3	422.3	18.3	72.6	121.1	19.1	219.8	183.7	83.2	27.5
津育粳35	水稻所	4/14	5/28	44	8/15	8/22	10/1	170	5.6	30.3	441.1	24.9	82.2	103.9	14.3	113.7	108.8	95.7	27.7
	天隆	4/12	5/17	35	8/16	8/20	10/5	176	6.0	26.5	341.7	22.4	84.5	107.3	16.1	120.4	118.4	98.3	26.7
	玉米场	4/11	5/16	35	8/14	8/17	10/1	173	6.7	32.5	385.1	29.4	90.5	101.5	13.5	95.8	76.8	80.2	25.8
	原种场	4/6	5/21	45	8/11	8/17	9/22	169	4.1	32.8	702.7	21.9	66.9	94.5	16.2	101.0	97.0	96.0	27.1
	作物所	4/13	5/27	44	8/19	8/20	10/6	176	3.2	23.8	638.6	23.0	96.6	106.8	17.4	158.8	143.6	90.4	23.1
	平均							172.8	5.1	29.2	501.8	24.3	84.1	102.8	15.5	117.9	108.9	92.1	26.1

（续表）

品种名称	试点名称	播种期（月/日）	移栽期（月/日）	秧龄（天）	始穗期（月/日）	齐穗期（月/日）	成熟期（月/日）	全生育期（天）	基本苗（万株/亩）	最高苗（万株/亩）	分蘖率（%）	有效穗（万穗/亩）	成穗率（%）	株高（厘米）	穗长（厘米）	单穗总粒数（粒）	单穗实粒数（粒）	结实率（%）	千粒重（克）
优农粳239	水稻所	4/14	5/28	44	8/15	8/25	10/8	177	7.5	28.2	276.0	22.4	79.4	211.2	15.9	124.6	116.3	93.3	25.1
	天隆	4/12	5/17	35	8/14	8/19	10/5	176	6.0	23.6	293.8	18.5	78.3	118.0	16.9	172.0	158.2	92.0	27.1
	玉米场	4/11	5/16	35	8/13	8/17	9/29	171	6.4	33.1	417.2	31.7	95.8	100.5	15	101.9	95.2	93.4	24.3
	原种场	4/6	5/21	45	8/13	8/19	9/25	172	4.2	29.0	595.9	21.1	72.7	105.5	17.1	133.0	130.0	97.7	24.9
	作物所	4/13	5/27	44	8/20	8/24	10/8	178	3.9	23.2	496.6	19.0	81.9	115.8	15.1	172.6	160.1	92.8	22.4
	平均							174.8	5.6	27.4	415.9	22.5	81.6	130.2	16.0	140.8	132.0	93.8	24.8
津粳优2025	水稻所	4/14	5/28	44	7/28	8/5	9/25	164.0	8.2	28.2	243.9	18.5	65.6	109.0	21.6	318.8	296.4	93.0	23.5
	天隆	4/12	5/17	35	7/27	8/2	9/28	169	6.0	19.8	229.7	15.3	77.3	108.3	19.7	287.0	260.2	90.7	26.3
	玉米场	4/11	5/16	35	7/25	7/29	9/28	170	7.5	28.6	281.3	23.3	81.5	105.5	18.75	285.8	260.2	91.0	19.4
	原种场	4/6	5/21	45	7/25	8/1	9/18	165	4.2	33.3	701.9	15.0	45.0	110.0	20.4	176.0	162.0	92.1	23.5
	作物所	4/13	5/27	44	7/25	8/2	9/28	168	3.0	28.0	833.3	21.9	78.2	122.5	20.9	285.8	243.4	85.2	22.6
	平均							167.2	5.8	27.6	458.0	18.8	69.5	111.1	20.3	270.7	244.4	90.4	23.1
优农粳330	水稻所	4/14	5/28	44	8/16	8/24	10/12	181	5.6	25.7	358.9	18.1	70.4	106.2	16.7	177.2	161.2	91.0	25.0
	天隆	4/12	5/17	35	8/13	8/17	10/6	177	6.0	20.2	236.6	16.3	80.7	106.0	18.1	175.2	170.7	97.4	26.1
	玉米场	4/11	5/16	35	8/13	8/15	10/2	174	7.2	28.1	290.3	18.9	67.3	105.5	14.5	105.8	81.1	76.7	25.3
	原种场	4/6	5/21	45	8/13	8/20	9/25	172	4.0	24.9	523.1	17.2	69.1	99.5	17.8	170.0	165.0	97.1	25.8
	作物所	4/13	5/27	44	8/20	8/17	10/9	179	3.8	18.2	381.8	15.9	87.3	109.0	17.2	240.7	205.5	85.4	22.8
	平均							176.6	5.3	23.4	358.1	17.3	75.0	105.2	16.9	173.8	156.7	89.5	25.0

（续表）

品种名称	试点名称	播种期(月/日)	移栽期(月/日)	秧龄(天)	始穗期(月/日)	齐穗期(月/日)	成熟期(月/日)	全生育期(天)	基本苗(万株/亩)	最高苗(万株/亩)	分蘖率(%)	有效穗(万穗/亩)	成穗率(%)	株高(厘米)	穗长(厘米)	单穗总粒数(粒)	单穗实粒数(粒)	结实率(%)	千粒重(克)
UP54	水稻所	4/14	5/28	44	8/12	8/22	10/5	174	5.4	23.6	337.0	16.3	69.1	111.4	20.3	170.1	160.6	94.4	30.4
	天隆	4/12	5/17	35	8/7	8/12	10/4	175	6.0	19.3	221.0	14.6	75.8	113.3	23.6	193.1	179.2	92.8	28.0
	玉米场	4/11	5/16	35	8/9	9/14	9/30	172	5.8	28.1	384.5	26.1	92.9	110.5	18.5	118.7	109.9	92.6	31.5
	原种场	4/6	5/21	45	8/10	8/17	9/24	171	3.9	18.5	376.6	15.0	80.7	104.0	20.3	146.0	139.0	95.2	31.0
	作物所	4/13	5/27	44	8/12	8/18	10/4	174	3.3	16.6	398.0	14.7	88.4	120.0	22.2	173.6	152.0	87.6	28.8
	平均							173.2	4.9	21.2	343.4	17.3	81.4	111.8	21.0	160.3	148.1	92.5	29.9
津原E28(CK)	水稻所	4/14	5/28	44	8/12	8/20	10/1	170	5.7	22.6	296.5	19.8	87.6	114.5	22.6	135.8	127.9	94.2	30.4
	天隆	4/12	5/17	35	8/11	8/15	10/3	174	6.0	22.3	271.6	17.9	80.3	114.3	23.0	142.3	135.3	95.1	29.6
	玉米场	4/11	5/16	35	8/7	8/12	9/28	170	7.8	30.6	292.3	25	81.7	107.0	18.0	99.6	89.8	90.2	29.7
	原种场	4/6	5/21	45	8/9	8/16	9/21	168	4.2	23.0	441.5	19.3	83.9	105.5	21.1	129.0	124.0	96.1	30.2
	作物所	4/13	5/27	44	8/14	8/21	10/5	175	3.6	18.2	411.9	16.4	90.4	118.6	24.8	154.4	144.2	93.4	28.9
	平均							171.4	5.5	23.3	342.8	19.7	84.8	112.0	21.9	132.2	124.2	93.8	29.8
津育粳33	水稻所	4/14	5/28	44	8/16	8/23	10/3	172	8.1	33.7	316.0	28.8	85.5	103.0	14.1	112.8	110.3	97.8	27.9
	天隆	4/12	5/17	35	8/14	8/18	10/4	175	6.0	28.4	373.3	23.4	82.4	108.3	15.7	100.5	98.5	98.0	27.2
	玉米场	4/11	5/16	35	8/12	8/16	9/28	170	7.2	33.1	359.7	30.6	92.4	97.5	14.0	87.2	73.3	84.1	23.7
	原种场	4/6	5/21	45	8/2	8/9	9/19	166	4.0	29.6	643.5	25.3	85.4	97.5	16.9	109.0	105.0	96.3	27.7
	作物所	4/13	5/27	44	8/17	8/22	10/2	172	3.6	24.6	591.9	22.8	92.6	109.1	16.7	152.4	142.1	93.2	24.7
	平均							171.0	5.8	29.9	456.9	26.2	87.7	103.1	15.5	112.4	105.8	93.9	26.2

附表5-2　2022年天津市春稻品种区域试验参试品种综合性状调查情况

品种名称	试点名称	耐寒性 苗期耐寒	耐寒性 后期耐寒	整齐度	杂株率（%）	株型	长势	叶色	熟期转色	是否两段灌浆	倒伏性 日期（月/日）	倒伏性 面积占比（%）	倒伏性 程度	落粒性	稻曲病（级）	穗颈瘟（级）	胡麻叶斑病（级）	条纹叶枯病（%）	纹枯病
天隆粳17	水稻所	强	强	齐	0	适中	繁茂	浓绿	好	否			直	难	轻	无	无	无	中
	天隆	强	强	齐	0	紧束	繁茂	绿	好	否			直	难	无	无	无	无	无
	玉米场	强	强	齐	0	紧束	繁茂	绿	好	不明显			直	难	无	无	1	无	无
	原种场	强	强	齐	0	松散	中等	浓绿	好	不明显			直	难	无	无	无	无	无
	作物所	强	强	齐	0	紧束	繁茂	绿	好	否			直	难	无	无	无	无	无
津原128	水稻所	强	强	齐	0	适中	繁茂	绿	中	是			直	难	轻	无	无	无	中
	天隆	强	强	齐	0	紧束	繁茂	绿	好	否			直	难	无	无	无	无	无
	玉米场	强	强	齐	0	紧束	繁茂	绿	好	不明显			直	难	无	无	1	无	无
	原种场	强	强	齐	0	紧束	繁茂	浓绿	好	不明显			直	难	无	无	无	无	无
	作物所	强	强	齐	0	紧束	繁茂	绿	好	否			直	难	无	1	无	无	无
天食3号	水稻所	强	强	齐	0	适中	繁茂	绿	好	是			直	难	轻	无	无	无	中
	天隆	强	强	齐	0	紧束	繁茂	绿	好	否			直	难	无	无	无	无	无
	玉米场	强	强	齐	0	松散	中等	绿	好	不明显			直	难	无	无	1	无	无
	原种场	强	强	齐	0	紧束	繁茂	浓绿	好	不明显			直	难	无	轻	无	无	无
	作物所	强	强	齐	0	适中	繁茂	绿	好	否			直	难	无	无	无	无	无
津粳优2226	水稻所	强	强	齐	0	适中	繁茂	浓绿	好	是			直	中	无	无	无	无	中
	天隆	强	强	齐	0	紧束	繁茂	浓绿	好	否	9/28	15	倒	难	无	无	无	无	无
	玉米场	强	强	齐	0	适中	繁茂	浓绿	好	不明显			直	难	无	无	1	无	无
	原种场	强	强	齐	0	松散	中等	浓绿	好	不明显	9/14	7	伏	中	无	无	无	无	无
	作物所	强	强	齐	0	紧束	繁茂	浓绿	好	否	9/25	13.5	倒	难	无	无	无	无	无

（续表）

品种名称	试点名称	耐寒性		整齐度	杂株率（%）	株型	长势	叶色	熟期转色	是否两段灌浆	倒伏性			落粒性	稻曲病（级）	穗颈瘟（级）	胡麻叶斑病（级）	条纹叶枯病（%）	纹枯病
		苗期耐寒	后期耐寒								日期（月/日）	面积占比（%）	程度						
津粳优1821	水稻所	强	一般	齐	0	适中	繁茂	绿	好	是			直	易	轻	无	无	无	中
	天隆	强	强	齐	0.16	紧束	繁茂	浓绿	好	否	9/28	15	倒	难	无	无	无	无	无
	玉米场	强	强	齐	0	适中	繁茂	浓绿	好	不明显	9/22	30	斜	难	无	无	1	无	无
	原种场	强	强	齐	0	松散	中等	绿	好	不明显	9/14	55	伏	难	无	中	无	无	无
	作物所	强	强	齐	0	紧束	繁茂	浓绿	好	否	9/25	15	倒	中	无	无	无	无	无
津育粳35	水稻所	强	强	齐	0	适中	繁茂	绿	好	否			直	难	轻	无	无	无	中
	天隆	强	强	齐	0	紧束	繁茂	绿	好	否			直	中	无	无	无	无	无
	玉米场	强	强	齐	0	适中	繁茂	绿	好	不明显			直	难	无	无	1	无	无
	原种场	强	强	齐	0	紧束	繁茂	绿	好	不明显			直	难	无	无	无	无	无
	作物所	强	强	齐	0	紧束	繁茂	绿	好	否			直	中	无	无	无	无	无
优衣粳239	水稻所	强	一般	齐	0	松散	繁茂	绿	中	否			直	难	轻	无	无	无	轻
	天隆	强	强	齐	0	紧束	繁茂	浓绿	好	否			直	难	无	无	无	无	无
	玉米场	强	强	齐	0	紧束	繁茂	浓绿	好	不明显			直	难	无	无	1	无	无
	原种场	强	强	齐	0	适中	繁茂	绿	好	不明显			直	难	无	无	无	无	无
	作物所	强	强	齐	0	紧束	繁茂	浓绿	好	否			直	难	无	无	无	无	无
津粳优2025	水稻所	强	一般	齐	0	松散	繁茂	绿	好	否			直	中	无	无	无	无	无
	天隆	强	强	齐	0.16	紧束	繁茂	浓绿	中	否	9/28	15	倒	难	无	1	无	无	无
	玉米场	强	强	齐	0	适中	繁茂	浓绿	好	不明显	9/22	45	斜	难	无	无	1	无	无
	原种场	强	强	齐	0	松散	繁茂	淡绿	好	不明显			直	难	无	无	无	无	无
	作物所	强	强	齐	0	紧束	繁茂	浓绿	中	否	9/25	13.5	倒	难	无	无	无	无	无

（续表）

品种名称	试点名称	耐寒性		整齐度	杂株率（%）	株型	长势	叶色	熟期转色	是否两段灌浆	倒伏性			落粒性	稻曲病（级）	穗颈瘟（级）	胡麻叶斑病（级）	条纹叶枯病（%）	纹枯病
		苗期耐寒	后期耐寒								日期（月/日）	面积占比（%）	程度						
优衣粳330	水稻所	强	强	齐	0	紧束	繁茂	绿	中	否			直	难	轻	无	无	无	轻
	天隆	强	强	齐	0	紧束	繁茂	绿	好	否			直	难	无	无	无	无	无
	玉米场	强	强	齐	0	紧束	繁茂	绿	好	不明显			直	难	无	无	1	无	无
	原种场	强	强	齐	0	紧束	繁茂	绿	好	不明显			直	难	无	无	无	无	无
	作物所	强	强	齐	0	紧束	繁茂	绿	好	否			直	难	1	无	无	无	无
UP54	水稻所	强	强	齐	0	适中	中等	绿	好	否			直	难	无	无	无	无	中
	天隆	强	强	齐	0	紧束	繁茂	浓绿	好	否			直	难	无	无	无	无	无
	玉米场	强	强	齐	0	松散	繁茂	绿	好	不明显			直	难	无	无	1	无	无
	原种场	强	强	齐	0	松散	中等	浓绿	好	不明显			直	难	无	无	无	无	无
	作物所	强	强	齐	0	紧束	繁茂	浓绿	好	否			直	难	无	无	无	无	无
津原E28（CK）	水稻所	强	一般	齐	0	松散	繁茂	绿	好	否			直	难	无	无	无	无	中
	天隆	强	强	齐	0	紧束	繁茂	绿	好	否			直	难	无	无	无	无	无
	玉米场	强	强	齐	0	适中	繁茂	绿	好	不明显			直	难	无	无	1	无	无
	原种场	强	强	齐	0	松散	繁茂	浓绿	好	不明显			直	难	无	无	无	无	无
	作物所	强	强	齐	0	紧束	繁茂	绿	好	否			直	易	无	无	无	无	无
津育粳33	水稻所	强	强	齐	0	适中	繁茂	绿	好	否			直	中	轻	无	无	无	中
	天隆	强	强	齐	0	紧束	繁茂	浓绿	好	不明显			直	难	无	无	无	无	无
	玉米场	强	强	齐	0	紧束	繁茂	绿	好	不明显			直	难	无	无	1	无	无
	原种场	强	强	齐	0	紧束	繁茂	绿	好	否			直	中	无	无	无	无	无
	作物所	强	强	齐	0	紧束	繁茂	绿	好	否			直	中	无	无	无	无	无

附表5-3 2022年天津市春稻品种区域试验产量结果

品种名称	试点名称	小区产量（千克）			小区平均产量（千克）	折合亩产（千克）	比对照增减产（%）	位次
		I	II	III				
津粳优2025	水稻所	16.47	14.70	16.19	15.79	791.28	27.5	1
	天隆	12.94	14.89	14.95	14.26	713.19	21.8	1
	玉米场	14.76	14.71	14.67	14.71	729.83	17.1	2
	原种场	12.75	13.75	13.01	13.17	660.15	6.5	8
	作物所	14.03	13.67	12.54	13.41	672.38	16.1	2
	平均	14.19	14.34	14.27	14.27	713.37	17.8	
津粳优2226	水稻所	14.18	16.03	14.42	14.88	745.86	20.2	3
	天隆	13.77	13.41	14.59	13.92	696.41	18.9	2
	玉米场	14.15	14.10	14.11	14.12	700.40	12.3	8
	原种场	13.40	12.70	12.21	12.77	640.10	3.2	11
	作物所	12.83	14.94	13.83	13.87	695.08	20.0	1
	平均	13.67	14.24	13.83	13.91	695.57	14.9	
优农粳330	水稻所	14.85	14.89	14.77	14.84	743.88	19.9	4
	天隆	12.51	14.03	13.04	13.19	659.76	12.7	3
	玉米场	14.86	14.85	14.89	14.87	737.44	18.3	1
	原种场	14.50	14.00	13.90	14.13	708.27	14.2	2
	作物所	12.60	12.09	11.49	12.06	604.47	4.4	7
	平均	13.86	13.97	13.62	13.82	690.77	13.9	
津育粳35	水稻所	14.26	14.30	14.73	14.43	723.48	16.6	5
	天隆	13.74	11.75	11.63	12.37	618.77	5.7	11
	玉米场	13.82	13.53	13.38	13.58	673.45	18.0	10
	原种场	14.20	14.10	14.15	14.15	709.28	14.4	1
	作物所	13.15	12.86	12.59	12.87	644.90	11.4	4
	平均	13.83	13.31	13.30	13.48	673.97	13.2	
津粳优1821	水稻所	16.27	14.89	15.29	15.48	776.14	25.1	2
	天隆	13.60	12.11	11.90	12.54	627.04	7.1	9
	玉米场	14.25	14.25	14.18	14.23	705.69	13.2	7
	原种场	12.95	13.45	12.54	12.98	650.63	4.9	10
	作物所	12.61	13.15	13.07	12.94	648.84	12.0	3
	平均	13.94	13.57	13.40	13.63	681.67	12.5	
UP54	水稻所	13.67	13.28	14.06	13.67	685.30	10.5	10
	天隆	13.42	13.77	12.05	13.08	654.08	11.7	4
	玉米场	14.90	14.50	14.72	14.71	729.50	17.0	3
	原种场	15.15	12.65	12.80	13.53	678.20	9.4	5
	作物所	12.16	13.04	12.80	12.67	635.06	9.7	5
	平均	13.86	13.45	13.29	13.53	676.43	11.6	

品种名称	试点名称	小区产量（千克）			小区平均产量（千克）	折合亩产（千克）	比对照增减产（%）	位次
		I	II	III				
优农粳 239	水稻所	14.36	14.22	14.43	14.34	718.66	15.8	6
	天隆	13.14	13.15	12.49	12.92	646.40	10.4	7
	玉米场	14.54	14.49	14.36	14.46	717.43	15.1	5
	原种场	14.70	13.20	13.05	13.65	684.21	10.4	4
	作物所	11.51	12.42	12.15	12.03	602.86	4.1	8
	平均	13.65	13.50	13.29	13.48	673.91	11.1	
天食 3 号	水稻所	13.67	13.59	13.83	13.70	686.61	10.7	9
	天隆	12.20	13.70	12.49	12.79	639.90	9.3	8
	玉米场	14.96	14.54	14.46	14.65	726.86	16.6	4
	原种场	14.50	12.90	13.10	13.50	676.70	9.1	6
	作物所	12.37	12.59	10.48	11.81	592.26	2.3	10
	平均	13.54	13.46	12.87	13.29	664.46	9.6	
天隆粳 17	水稻所	13.16	13.86	13.31	13.44	673.84	8.6	11
	天隆	12.80	12.90	13.20	12.97	648.50	10.8	6
	玉米场	14.30	14.69	14.26	14.42	715.12	14.7	6
	原种场	13.40	13.05	12.73	13.06	654.64	5.6	9
	作物所	12.31	11.61	11.86	11.93	597.84	3.2	9
	平均	13.19	13.22	13.07	13.16	657.99	8.6	
津原 128	水稻所	14.06	14.34	14.44	14.28	715.88	15.4	7
	天隆	13.49	12.49	13.10	13.03	651.43	11.3	5
	玉米场	14.11	13.91	13.99	14.00	694.61	11.4	9
	原种场	13.55	13.45	12.60	13.20	661.66	6.7	7
	作物所	11.33	11.69	10.44	11.16	559.19	−3.4	12
	平均	13.31	13.18	12.91	13.13	656.55	8.3	
津育粳 33	水稻所	13.72	13.99	13.67	13.79	691.32	11.4	8
	天隆	12.93	11.92	12.68	12.51	625.70	6.9	10
	玉米场	12.60	12.88	12.92	12.80	634.92	1.8	11
	原种场	14.30	13.85	13.05	13.73	688.22	11.0	3
	作物所	12.51	11.85	12.82	12.39	621.25	7.3	6
	平均	13.21	12.90	13.03	13.05	652.28	7.7	
津原 E28（CK）	水稻所	12.06	12.86	12.21	12.38	620.37		12
	天隆	12.55	11.35	11.23	11.71	585.54		
	玉米场	12.51	12.63	12.57	12.57	623.52		12
	原种场	12.60	12.20	12.30	12.37	620.36		12
	作物所	12.43	11.01	11.21	11.55	579.16		11
	平均	12.43	12.01	11.91	12.12	605.79		

附表 5-4　2022 年天津市春稻品种区域试验生育期产量调查情况（春生）

品种名称	试点名称	播种期（月/日）	移栽期（月/日）	秧龄（天）	始穗期（月/日）	齐穗期（月/日）	成熟期（月/日）	全生育期（天）	大区产量（千克）	折合亩产（千克）	比对照增减（%）	位次
天隆粳 5 号	水稻所	4/14	5/28	44	8/18	8/26	10/10	179	295.40	590.80	9.3	1
	天隆	4/12	5/17	35	8/15	8/20	10/4	175	316.50	633.00	12.0	1
	玉米场	4/11	5/16	35	8/14	8/17	10/1	173	357.59	715.90	11.7	1
	原种场	4/6	5/21	45	8/15	8/22	9/23	170	314.00	638.00	14.8	2
	作物所	4/13	5/27	44	8/15	8/20	10/4	174	325.36	650.72	5.0	2
	平均							174.2	321.77	645.68	10.6	
津育粳 31	水稻所	4/14	5/28	44	8/14	8/23	9/30	169	290.50	581.00	7.5	2
	天隆	4/12	5/17	35	8/13	8/17	10/3	174	302.00	604.00	6.9	2
	玉米场	4/11	5/16	35	8/8	8/12	9/30	172	349.23	699.16	9.1	2
	原种场	4/6	5/21	45	8/7	8/14	9/19	166	328.00	656.00	18.0	1
	作物所	4/13	5/27	44	8/13	8/17	10/3	173	341.06	682.12	10.1	1
	平均							170.8	322.16	644.46	10.3	
津原 E28（CK）	水稻所	4/14	5/28	44	8/15	8/23	10/5	174	270.30	540.60		3
	玉米场	4/11	5/16	35	8/7	8/12	9/28	170	320.03	640.70		3
	原种场	4/6	5/21	45	8/10	8/16	9/21	168	278.00	556.00		3
	作物所	4/13	5/27	44	8/14	8/18	10/5	175	309.74	619.48		3
	天隆	4/12	5/17	35	8/11	8/16	10/3	174	282.50	565.00		3
	平均							172.2	292.11	584.36		

附表5-5　2022年天津市春稻品种区域试验综合性状调查情况（春生）

品种名称	试点名称	倒伏性	落粒性	稻曲病	穗颈瘟	胡麻叶斑病（级）	条纹叶枯病（级）	纹枯病
天隆粳5号	水稻所	直	难	轻	无	无	无	中
	天隆	直	难	无	无	无	无	无
	玉米场	直	难	无	无	1	无	无
	原种场	直	难	无	无	1	无	无
	作物所	直	难	无	无	无	无	无
	平均							
津育粳31	水稻所	直	中	轻	无	无	无	中
	天隆	直	中	无	无	无	无	无
	玉米场	直	难	无	无	1	无	无
	原种场	直	难	无	无	1	无	无
	作物所	直	中	无	无	无	无	无
	平均							
津原E28（CK）	水稻所	直	难	无	无	无	无	中
	玉米场	直	难	无	无	1	无	无
	原种场	直	难	无	无	1	无	无
	作物所	直	难	无	无	无	无	无
	天隆	直	难	无	无	无	无	无
	平均							

第六章　2022年天津市麦茬稻品种区域试验总结

一、试验目的

加快育种科研成果转化为生产力的步伐，实现水稻新品种更新换代和技术推广，筛选适合天津市种植的丰产、优质、抗性好、适应性强的水稻品种，为品种审定和品种布局提供依据。

二、参试品种、供种单位及承试单位

1. 参试品种

麦茬稻区试共有6个参试品种，其中对照品种为津原85。

2. 供种单位

详见表6-1。

表6-1　2022年天津市麦茬稻品种区域试验参试品种及育种（供种）单位

序号	品种名称	供种单位	参试年限
1	TH2	辽宁丰民农业高新技术有限公司、 天津市优质农产品开发示范中心	第二年
2	中科发2112	中国科学院遗传与发育生物学研究所、 天津食品集团有限公司	第一年
3	VZP1	天津市优质农产品开发示范中心	第一年
4	津原33	天津市优质农产品开发示范中心	第一年
5	天隆优717	天津天隆科技股份有限公司	第一年
6	津原85（CK）	天津市优质农产品开发示范中心	

3. 承试单位

天津市原种场（原种场）、天津市水稻所（水稻所）、天津市农作物研究所（作物所）、天津天隆种业科技有限公司（天隆）、天津市玉米良种场（玉米场）。

三、试验方法及田间管理

1. 试验方法

试验采用完全随机区组设计，3次重复，小区面积为13.3米²，四周均设保护行。

2. 田间管理

所有参试品种同期播种、移栽、耕作，栽培措施与大田生产相同，只治虫不防病（纹枯病除外）。

四、试验结果与分析

2022年麦茬稻区试品种试验结果汇总分析显示：秧田期品种出苗良好，本田期缓苗较好。参试的5个品种产量范围在540.25~666.64千克/亩，有3个品种比对照较津原85增产。

结果表明（表6-2）：以小区产量为依据，对5个试点、6个品种的3次重复试验进行一年多点方差分析。

表6-2　2022年天津市麦茬稻品种区域试验区试方差分析

变异来源	自由度	平方和	均方	F值	概率（小于0.05显著）
试点内区组	10	8.073 49	0.807 35	2.236 25	0.030
品种	5	58.991 67	11.798 33	32.679 87	0
试点	4	28.795 31	7.198 83	19.939 83	0
品种×试点	20	30.852 22	1.542 61	4.272 83	0
误差	50	18.051 38	0.361 03		
总变异	89	144.764 06			

注：本试验的误差变异系数CV（％）=4.887。

结果表明（表6-3）：参试品种3个比对照增产，2个比对照减产。其中2个品种较对照增产达极显著水平，1 个品种较对照增产达显著水平。

表 6-3　2022 年天津市麦茬稻品种区域试验品种均值多重比较（LSD 法）

品种名称	品种均值	0.05 显著性	0.01 显著性
中科发 2112	13.334 51	a	A
天隆优 717	12.935 33	ab	AB
VZP1	12.603 38	b	BC
津原 85（CK）	12.066 74	c	C
津原 33	12.016 60	c	C
TH2	10.805 78	d	D

注：$LSD_{0.05} = 0.441\,0$；$LSD_{0.01} = 0.588\,0$。

结果表明（表 6-4 至表 6-6）：各品种 Shukla 方差同质性检验（Bartlett 测验）Prob. = 0.046 05，极显著，不同质，各品种稳定性差异显著。

表 6-4　2022 年天津市麦茬稻品种区域试验品种稳定性分析（Shukla 稳定性方差）

品种名称	*DF*	Shukla 方差	*F* 值	概率	互作方差	品种均值	Shukla 变异系数
TH2	4	0.510 28	4.240 7	0.005	0.390 0	10.805 8	6.610 7%
VZP1	4	0.772 92	6.423 4	0	0.652 6	12.603 4	6.975 6%
津原 33	4	1.183 43	9.834 8	0	1.063 1	12.016 6	9.052 9%
津原 85（CK）	4	0.025 58	0.212 6	0.930	0	12.066 7	1.325 6%
天隆优 717	4	0.163 02	1.354 8	0.263	0.042 7	12.935 3	3.121 4%
中科发 2112	4	0.429 58	3.570 0	0.012	0.309 0	13.334 5	4.915 2%

表 6-5　2022 年天津市麦茬稻品种区域试验品种 Shulka 方差的多重比较

品种名称	Shukla 方差	0.05 显著性	0.01 显著性
津原 33	1.183 43	a	A
VZP1	0.772 92	ab	A
TH2	0.510 28	ab	A
中科发 2112	0.429 58	ab	A
天隆优 717	0.163 02	bc	AB
津原 85（CK）	0.025 58	c	B

表 6-6　2022 年天津市麦茬稻品种区域试验品种适应度分析

品种名称	品种均值	适应度（%）
TH2	10.805 78	0
VZP1	12.603 38	80.000
津原 33	12.016 60	40.000
津原 85（CK）	12.066 74	40.000
天隆优 717	12.935 33	100.000
中科发 2112	13.334 51	100.000

2022 年麦茬稻品种区域试验数据汇总详见附表 6-1、附表 6-2 和附表 6-3。

附表6-1 2022年天津市麦茬稻品种区域试验参试品种综合性状调查情况

品种名称	试点名称	播种期(月/日)	移栽期(月/日)	秧龄(天)	始穗期(月/日)	齐穗期(月/日)	成熟期(月/日)	全生育期(天)	基本苗(万株/亩)	最高苗(万株/亩)	分蘖率(%)	有效穗(万株/亩)	成穗率(%)	株高(厘米)	穗长(厘米)	单穗总粒数(粒)	单穗实粒数(粒)	结实率(%)	千粒重(克)
天隆优717	水稻所	5/9	6/15	37	8/4	8/13	9/23	137	3.9	27.4	602.2	23.9	87.4	124.6	22.7	205.2	178.9	87.2	31.2
	天隆	5/13	6/10	28	8/1	8/6	10/2	142	6.0	21.3	255.0	18.5	86.9	110.4	21.7	137.4	127.8	93.0	27.7
	玉米场	5/25	6/23	29	8/6	8/11	9/30	128	9.4	40.0	325.5	35.0	87.5	114.5	20.5	108.7	93.1	85.6	31.6
	原种场	5/10	6/13	34	8/4	8/11	10/3	146	4.5	21.8	382.3	14.7	67.5	116.5	22.5	113.0	100.0	88.5	31.1
	作物所	5/25	6/17	23	8/17	8/20	10/15	143	6.1	24.8	305.5	18.2	73.5	122.6	19.6	128.5	117.1	91.1	28.6
	平均							139.2	6.0	27.0	374.1	22.1	80.6	117.7	21.4	138.6	123.4	89.1	30.0
TH2	水稻所	5/9	6/15	37	7/31	8/6	9/20	134	3.8	21.2	459.2	18.9	89.0	110.2	24.1	146.3	131.1	89.6	27.8
	天隆	5/13	6/10	28	7/26	8/1	9/28	138	6.0	24.3	305.0	21.1	86.8	110.0	23.2	120.3	104.9	87.2	26.8
	玉米场	5/25	6/23	29	7/27	8/2	9/27	125	7.5	23.9	218.7	20.0	83.7	111.5	21.5	102.6	75.6	73.7	26.9
	原种场	5/10	6/13	34	7/30	8/6	9/25	138	4.4	20.8	378.2	15.3	73.4	95.0	22.5	108.0	101.0	93.5	28.8
	作物所	5/25	6/17	23	8/4	8/12	10/7	135	5.0	22.8	356.7	17.8	77.9	117.4	19.6	91.2	80.0	87.7	25.6
	平均							134.0	5.3	22.6	343.5	18.6	82.2	108.8	22.2	113.7	98.5	86.3	27.2
津原33	水稻所	5/9	6/15	37	8/17	8/24	10/2	146	3.5	24.1	597.7	18.3	76.0	98.0	16.4	136.1	129.2	94.9	29.9
	天隆	5/13	6/10	28	8/18	8/22	10/9	149	6.0	26.5	341.7	22.4	84.5	97.7	15.0	124.2	114.5	92.2	25.9
	玉米场	5/25	6/23	29	8/23	8/28	10/6	134	9.4	35.0	272.3	30.0	85.7	83.0	12.5	86.7	83.6	96.4	26.3
	原种场	5/10	6/13	34	8/21	8/18	10/9	152	4.3	22.8	425.4	15.9	69.9	90.0	15.9	124.0	116.0	93.6	27.8
	作物所	5/25	6/17	23	8/18	8/22	10/20	148	4.2	26.3	522.4	20.9	79.5	93.1	14.5	115.7	110.9	95.9	27.8
	平均							145.8	5.5	26.9	431.9	21.5	79.1	92.4	14.9	117.3	110.8	94.6	27.5

（续表）

品种名称	试点名称	播种期(月/日)	移栽期(月/日)	秧龄(天)	始穗期(月/日)	齐穗期(月/日)	成熟期(月/日)	全生育期(天)	基本苗(万株/亩)	最高苗(万株/亩)	分蘖率(%)	有效穗(万株/亩)	成穗率(%)	株高(厘米)	穗长(厘米)	单穗总粒数(粒)	单穗实粒数(粒)	结实率(%)	千粒重(克)
中科发2112	水稻所	5/9	6/15	37	8/5	8/14	9/25	139	4.2	23.7	472.0	18.0	75.9	113.3	21.5	155.1	137.2	88.5	28.1
	天隆	5/13	6/10	28	8/3	8/8	10/1	141	6.0	26.2	336.7	21.3	81.3	108.3	21.2	122.3	108.1	88.4	27.0
	玉米场	5/25	6/23	29	8/5	8/12	9/29	127	8.9	36.7	312.4	30.6	83.4	101.0	16.5	138.9	117.8	84.8	23.4
	原种场	5/10	6/13	34	7/30	8/6	10/3	146	4.4	20.7	373.7	14.5	70.0	111.5	23.5	151.0	145.0	96.0	29.3
	作物所	5/25	6/17	23	8/17	8/22	10/10	138	6.3	22.9	261.4	18.6	81.1	122.2	20.8	131.7	97.5	74.0	24.7
	平均							138.2	6.0	26.0	351.2	20.6	78.3	111.3	20.7	139.8	121.1	86.3	26.5
VZP1	水稻所	5/9	6/15	37	8/7	8/15	9/27	141	3.6	16.1	353.6	12.6	78.1	101.0	17.6	198.7	185.9	93.6	24.1
	天隆	5/13	6/10	28	8/10	8/15	10/7	147	6.0	25.6	326.7	21.6	84.4	103.3	18.2	154.0	139.0	90.3	26.7
	玉米场	5/25	6/23	29	8/13	8/17	10/3	131	8.9	32.8	268.5	26.7	81.4	82.5	16.5	125.3	109.6	87.5	25.6
	原种场	5/10	6/13	34	8/8	8/14	10/3	146	4.3	22.5	424.2	15.8	70.3	96.5	17.6	179.0	172.0	96.1	24.4
	作物所	5/25	6/17	23	8/18	8/24	10/19	147	5.3	22.9	330.2	19.7	85.7	104.6	16.5	157.3	138.5	88.0	23.1
	平均							142.4	5.6	24.0	340.6	19.3	80.0	97.6	17.3	162.9	149.0	91.1	24.8
津原85（CK）	水稻所	5/9	6/15	37	8/9	8/19	9/29	143	5.1	19.9	294.5	16.8	84.3	107.7	23.7	109.3	99.9	91.4	25.9
	天隆	5/13	6/10	28	8/9	8/14	10/5	145	6.0	25.6	326.7	22.4	87.5	101.7	24.2	118.3	105.5	89.2	25.7
	玉米场	5/25	6/23	29	8/13	8/16	10/3	131	7.8	41.7	434.6	36.7	88.0	92.5	21.0	88.3	85.0	96.3	21.8
	原种场	5/10	6/13	34	8/9	8/16	10/2	145	4.4	25.9	484.9	18.5	71.6	95.0	22.0	106.0	100.0	94.3	26.2
	作物所	5/25	6/17	23	8/20	8/25	10/14	142	6.2	33.6	439.3	25.9	77.2	104.5	21.0	94.9	87.2	91.9	23.8
	平均							141.2	5.9	29.3	396.0	24.1	81.7	100.3	22.4	103.4	95.5	92.6	24.7

附表6-2 2022年天津市麦茬稻品种区域试验参试品种综合性状调查情况

品种名称	试点名称	耐寒性 苗期耐寒	耐寒性 后期耐寒	整齐度	杂株率（%）	株型	长势	叶色	熟期转色	是否两段灌浆	倒伏性 日期（月/日）	倒伏性 面积占比（%）	倒伏性 程度	落粒性	稻曲病（级）	穗颈瘟（级）	胡麻叶斑病（级）	条纹叶枯病（%）	纹枯病
天隆优717	水稻所	强	中	齐	0	适中	繁茂	绿	好	否	10/8	10	斜	难	无	无	无	无	无
	天隆	强	强	齐	0	紧束	繁茂	绿	好	否			直	难	无	无	无	无	无
	玉米场	强	强	齐	0	适中	繁茂	浓绿	好	不明显			直	难	无	无	1	无	无
	原种场	强	强	齐	0	松散	繁茂	浓绿	好	不明显			直	难	无	无	无	无	无
	作物所	强	强	齐	0	紧束	繁茂	绿	好	否			直	难	无	无	无	无	无
	平均																		
TH2	水稻所	强	中	齐	0	松散	繁茂	浓绿	好	否			直	难	无	无	无	无	轻
	天隆	强	强	齐	0	适中	繁茂	浓绿	好	否			直	难	无	无	无	无	无
	玉米场	强	强	齐	0	松散	繁茂	绿	好	不明显			直	难	无	无	1	无	无
	原种场	强	强	齐	0	松散	繁茂	绿	好	不明显			直	难	无	无	无	无	无
	作物所	强	强	齐	0	适中	繁茂	浓绿	好	否			直	难	无	无	无	无	无
	平均																		
津原33	水稻所	强	强	齐	0	适中	中等	绿	好	否			直	中	轻	无	无	无	轻
	天隆	强	强	齐	0	紧束	繁茂	浓绿	好	否			直	难	无	无	无	无	无
	玉米场	强	强	齐	0	紧束	繁茂	绿	好	不明显			直	难	无	无	1	无	无
	原种场	强	强	齐	0	紧束	繁茂	绿	好	不明显			直	中	无	无	无	无	无
	作物所	强	强	齐	0	紧束	繁茂	浓绿	好	否			直	难	1	无	无	无	无
	平均																		

（续表）

品种名称	试点名称	耐寒性		整齐度	杂株率（%）	株型	长势	叶色	熟期转色	是否两段灌浆	倒伏性			落粒性	稻曲病（级）	穗颈瘟（级）	胡麻叶斑病（级）	条纹叶枯病（%）	纹枯病
		苗期耐寒	后期耐寒								日期（月/日）	面积占比（%）	程度						
中科发2112	水稻所	强	中	齐	0	适中	繁茂	绿	中	否			直	难	无	无	无	无	无
	天隆	强	强	齐	0	适中	繁茂	浓绿	好	否			直	难	无	无	无	无	无
	玉米场	强	强	齐	0	紧束	繁茂	浓绿	好	不明显			直	难	无	无	1	无	无
	原种场	强	强	齐	0	松散	繁茂	绿	好	不明显	9/14	23	伏	难	无	无	无	无	无
	作物所	强	强	齐	0	适中	繁茂	绿	好	否			直	难	无	无	无	无	无
	平均																		
VZP1	水稻所	强	强	齐	0	适中	中等	绿	中	否			直	难	轻	无	无	无	无
	天隆	强	强	齐	0	紧束	繁茂	绿	好	否			直	难	无	无	无	无	无
	玉米场	强	强	齐	0	紧束	繁茂	绿	好	不明显			直	难	无	无	1	无	无
	原种场	强	强	齐	0	适中	繁茂	绿	好	不明显			直	难	无	无	无	无	无
	作物所	强	强	齐	0	紧束	繁茂	绿	好	否			直	难	无	无	无	无	无
	平均																		
津原85（CK）	水稻所	强	中	齐	0	适中	繁茂	浓绿	好	否			直	难	无	无	无	无	轻
	天隆	强	强	齐	0	紧束	繁茂	绿	好	否			直	难	无	无	无	无	无
	玉米场	强	强	齐	0	紧束	繁茂	浓绿	好	不明显			直	难	无	无	1	无	无
	原种场	强	强	齐	0	松散	繁茂	浓绿	好	不明显			直	难	无	无	无	无	无
	作物所	强	强	齐	0	紧束	繁茂	绿	好	否			直	难	无	无	无	无	无
	平均																		

附表6-3 2022年天津市麦茬稻品种区域试验产量结果

品种名称	试点名称	小区产量（千克）			小区平均产量（千克）	折合亩产（千克）	比对照增减（%）	位次
		I	II	III				
中科发2112	水稻所	12.88	15.56	12.96	13.80	691.88	11.8	1
	天隆	11.69	12.63	12.44	12.25	612.77	-0.9	5
	玉米场	14.89	14.80	14.75	14.81	734.79	13.4	1
	原种场	13.00	13.55	12.30	12.95	649.44	13.9	1
	作物所	12.50	12.64	13.42	12.85	644.31	14.8	1
	平均	12.99	13.84	13.18	13.33	666.64	10.6	
天隆优717	水稻所	12.92	13.84	13.24	13.33	668.43	8.0	3
	天隆	13.51	12.85	12.78	13.05	652.54	5.6	2
	玉米场	14.31	14.21	14.26	14.26	707.34	9.1	2
	原种场	11.65	12.05	11.30	11.67	584.90	2.6	3
	作物所	11.60	11.78	13.72	12.37	619.91	10.5	2]
	平均	12.80	12.95	13.06	12.94	646.63	7.2	
VZP1	水稻所	11.54	13.12	10.99	11.88	595.77	-3.7	5
	天隆	13.85	12.06	13.32	13.08	653.86	5.8	1
	玉米场	13.32	13.23	13.55	13.37	663.03	2.3	3
	原种场	12.60	13.40	11.95	12.65	634.40	11.3	2
	作物所	11.12	12.56	12.44	12.04	603.54	7.6	3
	平均	12.49	12.87	12.45	12.60	630.12	4.6	
津原85（CK）	水稻所	12.69	11.78	12.57	12.34	618.81		4
	天隆	12.37	12.23	12.49	12.36	618.22		4
	玉米场	13.01	13.16	13.03	13.07	648.15		4
	原种场	11.40	12.35	10.35	11.37	570.21		4
	作物所	10.90	11.86	10.82	11.19	561.10		4
	平均	12.07	12.28	11.85	12.07	603.30		
TH2	水稻所	11.20	11.81	12.49	11.84	593.33	-4.1	6
	天隆	9.15	9.46	10.65	9.75	487.71	-21.1	6
	玉米场	11.24	11.44	11.12	11.27	558.87	-13.8	6
	原种场	10.20	10.30	10.10	10.20	511.30	-10.3	6
	作物所	11.28	10.68	10.96	10.97	550.07	-2.0	5
	平均	10.61	10.74	11.07	10.81	540.25	-10.3	
津原33	水稻所	14.93	13.83	12.57	13.78	690.56	11.6	2
	天隆	12.60	12.20	12.75	12.52	625.94	1.2	3
	玉米场	11.74	11.86	11.24	11.61	576.06	-11.1	5
	原种场	11.15	11.40	10.70	11.08	555.66	-2.6	5
	作物所	11.18	10.62	11.48	11.09	556.08	-0.9	6
	平均	12.32	11.98	11.75	12.02	600.86	-0.3	

第七章 2022年天津市特用稻试验总结

一、试验目的

为加快育种科研成果转化为生产力的步伐，加快水稻新品种更换和推广，筛选适合天津市种植的丰产、优质、抗性好、适应性强的水稻品种，为品种审定和品种布局提供依据。

二、参试品种、供种单位及承试单位

1. 参试品种

特用稻试验共有6个参试品种。

2. 供种单位

详见表7-1。

表7-1 2022年天津市特用稻试验参试品种及育种（供种）单位

序号	品种名称	育种（供种）单位	备注
1	津原黑241	天津食品集团有限公司、 中国科学院遗传与发育生物学研究所	黑米
2	金糯283	天津市优质农产品开发示范中心	糯米
3	津育粳37	天津市优质农产品开发示范中心	软米
4	津育糯5号	天津市优质农产品开发示范中心	糯米
5	中农大4号	中国农业大学农学院	旱稻
6	中农大5号	中国农业大学农学院	旱稻

3. 承试单位

天津市原种场（原种场）、天津市水稻所（水稻所）、天津市农作物研究所（作物所）、天津天隆种业科技有限公司（天隆）、天津市玉米良种场（玉米场）。

天津蓟县康恩伟泰种子有限公司（蓟州）、天津中天大地有限公司（静海）、天津市优质农产品开发示范中心（宁河）、天津国杰农业科技有限公司（武清）、宝坻区农业发展服务中心（宝坻）。

三、试验方法及田间管理

1. 试验方法

软、糯、彩稻采用小区随机排列，不设重复，小区面积为24米²。

旱稻采用完全随机区组设计，3次重复，小区面积为13.3米²。同一试验组应在同一田块进行。

2. 田间管理

所有参试品种同期播种、移栽、耕作，栽培措施与大田生产相同，只治虫不防病（纹枯病除外）。

四、试验结果与分析

2022年特用稻品种试验结果：参试的6个品种产量范围在487.28~675.42千克/亩（金糯283因试验点位不达标，未纳入产量分析）。

2022年特用稻试验数据汇总详见附表7-1至附表7-6。

附表7-1 2022年天津市特用稻品种区域试验参试品种综合性状调查情况

品种名称	试点名称	播种期(月/日)	移栽期(月/日)	秧龄(天)	始穗期(月/日)	齐穗期(月/日)	成熟期(月/日)	全生育期(天)	基本苗(万株/亩)	最高苗(万株/亩)	分蘖率(%)	有效穗(万株/亩)	成穗率(%)	株高(厘米)	穗长(厘米)	单穗总粒数(粒)	单穗实粒数(粒)	结实率(%)	千粒重(克)
津育糯5号	水稻所	4/14	5/28	44	8/22	8/30	10/9	178	3.3	21.3	545.3	19.4	91.2	99.1	15.6	156.1	142.3	91.2	22.3
	天隆	4/12	5/17	35	8/18	8/23	10/6	177	6.0	22.9	281.7	18.9	82.5	113.3	15.9	148.6	130.7	88.0	27.5
	玉米场	4/11	5/16	35	8/19	8/21	10/6	178	7.5	31.7	322.7	30.0	94.6	105.5	16.0	99.6	94.0	94.4	27.0
	原种场	4/6	5/21	45	8/14	8/20	9/26	173	4.1	30.4	640.6	25.4	83.4	105.0	15.6	88.0	81.0	92.1	23.2
	作物所	4/13	5/27	44	8/19	8/24	10/6	176	2.6	24.0	839.1	21.9	91.2	109.0	16.2	159.2	146.7	92.1	21.5
	平均							176.4	4.7	26.1	525.9	23.1	88.6	106.4	15.9	130.3	118.9	91.5	24.3
津育粳37	水稻所	4/14	5/28	44	8/16	8/23	10/3	172	3.6	20.9	481.0	18.7	89.2	106.9	18.0	218.2	210.1	96.3	28.3
	天隆	4/12	5/17	35	8/13	8/17	10/3	174	6.0	26.7	345.0	22.9	85.8	106.7	16.8	137.6	124.3	90.3	28.1
	玉米场	4/11	5/16	35	8/13	8/16	10/1	173	7.5	27.8	270.7	19.4	69.8	108.5	15.5	105.7	72.9	69.0	28.9
	原种场	4/6	5/21	45	8/12	8/18	9/27	174	4.1	36.6	793.6	30.4	83.3	110.0	16.3	112.0	107.0	95.5	26.1
	作物所	4/13	5/27	44	8/14	8/19	10/2	172	2.1	18.4	771.6	17.4	94.8	109.1	16.6	185.3	168.4	90.9	23.4
	平均							173.0	4.7	26.1	532.4	21.8	84.6	108.2	16.6	151.8	136.5	88.4	27.0
津原黑241	水稻所	4/14	5/28	44	8/14	8/23	10/3	172	5.1	20.5	302.7	18.3	89.0	116.7	21.1	204.6	195.6	95.6	25.5
	天隆	4/12	5/17	35	8/10	8/15	10/1	172	6.0	18.8	213.3	15.6	83.0	115.0	17.9	150.4	148.2	98.5	25.7
	玉米场	4/11	5/16	35	8/9	8/13	9/30	172	6.1	22.8	273.8	15.6	68.4	135.0	21.5	160.1	143.6	89.7	30.0
	原种场	4/6	5/21	45	8/15	8/22	9/28	175	4.13	24.3	504.4	20.8	83.1	113.0	19.5	125.0	114.0	91.2	24.9
	作物所	4/13	5/27	44	8/12	8/17	10/1	171	2.8	14.4	418.4	13.0	90.3	119.9	22.5	197.5	173.4	87.8	21.0
	平均							172.4	4.8	20.2	342.5	16.6	82.8	119.9	20.5	167.5	155.0	92.6	25.4
金糯283	水稻所	4/14	5/28	44	8/25	9/2	10/9	178	5.2	28.0	437.9	23.2	82.9	97.0	11.3	133.0	120.1	90.3	24.8
	天隆	4/12	5/17	35	8/26	9/2	10/19	190	6.0	21.5	258.3	18.4	85.6	98.3	14.3	148.5	130.6	87.9	26.8
	玉米场	4/11	5/16	35	8/24	8/28	10/6	178	6.4	31.7	395.3	26.1	82.3	97.0	15.0	79.7	71.4	89.6	30.9
	原种场	4/6	5/21	45	8/27	9/3	10/11	184	4.3	28.7	574.1	23.9	83.3	93.0	13.6	92.0	83.0	90.2	27.5
	作物所																		
	平均							182.5	5.5	27.5	416.4	22.9	83.5	96.3	13.6	113.3	101.3	89.5	27.5

附表7-2　2022年天津市特用稻品种区域试验参试品种抗性性状调查情况

品种名称	试点名称	耐寒性		整齐度	杂株率(%)	株型	长势	叶色	稻粒色	稻米色	熟期转色	是否两段灌浆	倒伏性			落粒性	稻曲病(级)	穗颈瘟(级)	胡麻叶斑病(级)	条纹叶枯病(%)	纹枯病
		苗期耐寒	后期耐寒										日期(月/日)	面积占比(%)	程度						
津育糯5号	水稻所	强	强	齐	0	紧束	中等	绿	黄	白	好	否			直	中	轻	无	无	无	重
	天隆	强	强	齐	0	紧束	繁茂	绿	黄	白	好	否			直	难	无	无	无	无	无
	玉米场	强	强	齐	0	紧束	繁茂	浓绿	黄	白	好	不明显			直	难	无	无	1	无	无
	原种场	强	强	齐	0	松散	中等	浓绿	黄	白	好	不明显			直	难	无	无	无	无	无
	作物所	强	强	齐	0	紧束	繁茂	绿	黄	白	好	否			直	难	无	无	无	无	无
	平均																				
津育粳37	水稻所	强	强	齐	0	适中	繁茂	浓绿	黄	白	好	否			直	中	无	无	轻	无	中
	天隆	强	强	齐	0	紧束	繁茂	绿	黄	白	好	否			直	难	无	无	无	无	无
	玉米场	强	强	齐	0	紧束	繁茂	浓绿	黄	白	好	不明显			直	难	无	无	1	无	无
	原种场	强	强	齐	0	紧束	繁茂	浓绿	黄	白	好	不明显	9/14	57	伏	难	无	无	无	无	无
	作物所	强	强	齐	0	紧束	繁茂	绿	黄	白	好	否			直	中	无	无	无	无	无
	平均																				
津原黑241	水稻所	强	强	齐	0	适中	中等	浓绿	黑	黑	好	否			直	难	无	无	无	无	中
	天隆	强	强	齐	0	紧束	繁茂	浓绿	黑	黑	好	否			直	难	无	无	无	无	无
	玉米场	强	强	齐	0	紧束	繁茂	浓绿	紫黑	紫黑	好	不明显			直	难	无	无	1	无	无
	原种场	强	中	齐	0	松散	繁茂	浓绿	黑	黑	好	不明显	9/14	23	伏	难	无	无	无	无	无
	作物所	强	强	齐	0	紧束	繁茂	绿	黑	黑	好	否			直	难	无	无	无	无	无
	平均																				
金糯283	水稻所	强	中	齐	0	紧束	繁茂	绿	黄	白	好	否			直	难	无	无	无	无	中
	天隆	强	强	齐	0	紧束	繁茂	绿	黄	白	中	否			直	难	无	无	无	无	无
	玉米场	强	强	齐	0	紧束	繁茂	浓绿	黄	白	好	不明显			直	难	无	无	1	无	无
	原种场	强	强	齐	0	松散	繁茂	浓绿	黄	白	好	不明显			直	难	无	无	无	无	无
	作物所																				
	平均																				

附表7-3 2022年天津市特用稻品种区域试验产量结果

品种名称	试点名称	小区平均产量（千克）	折合亩产（千克）	位次
津育糯5号	水稻所	367.80	735.59	2
	天隆	19.06	635.32	2
	玉米场	28.69	700.61	2
	原种场	22.00	611.11	2
	作物所	18.64	621.33	1
	平均	91.24	660.79	
津育粳37	水稻所	377.80	755.59	1
	天隆	20.40	679.87	1
	玉米场	29.09	710.38	1
	原种场	22.15	615.28	1
	作物所	18.48	615.99	2
	平均	93.58	675.42	
津原黑241	水稻所	288.90	577.81	4
	天隆	15.85	528.48	4
	玉米场	24.93	608.79	4
	原种场	19.90	552.78	3
	作物所	17.91	596.99	3
	平均	73.50	572.97	
金糯283	水稻所	322.24	644.48	3
	天隆	16.47	548.85	3
	玉米场	26.77	653.73	3
	原种场	18.80	523.00	4
	作物所			
	平均			

附表7-4 2022年天津市特用稻品种区域试验参试品种综合性状调查情况

品种名称	试点名称	播种期(月/日)	移栽期(月/日)	秧龄(天)	始穗期(月/日)	齐穗期(月/日)	成熟期(月/日)	全生育期(天)	基本苗(万株/亩)	最高苗(万株/亩)	分蘖率(%)	有效穗(万穗/亩)	成穗率(%)	株高(厘米)	穗长(厘米)	单穗总粒数(粒)	单穗实粒数(粒)	结实率(%)	千粒重(克)
中农大4号	蓟州	4/24	5/16	22	8/10	8/19	10/4	163	15.8	53.6	239.2	22.8	96.6	108.4	19.0	137.0	125.4	87.0	23.6
	静海	4/25	5/17	22	8/8	8/17	10/3	161	7.9	39.4	398.4	22.6	57.4	107.2	19.3	134.1	117.0	87.2	24.6
	宁河	4/22	5/10	18	8/4	8/16	9/14	146	5.9	28.1	373.9	18.4	59.0	109.0	16.7	126.0	121.0	96.0	25.6
	武清	4/28	5/18	20	8/9	8/18	10/3	158	6.5	29.2	349.2	21.7	74.3	110.4	17.8	138.0	119.2	86.4	24.6
	宝坻	4/29	5/20	21	8/14	8/22	9/23	146	6.5	29.7	356.9	23.5	79.0	109.0	17.5	98.2	95.2	96.9	26.1
	平均							154.8	8.5	36.0	343.5	21.8	73.3	108.8	18.1	126.7	115.6	90.7	24.9
中农大5号	蓟州	4/24	5/16	22	8/6	8/12	10/1	160	16.2	56.4	248.1	20.1	35.6	110.7	20.7	143.2	136.7	95.5	21.3
	静海	4/25	5/17	22	8/6	8/11	10/2	160	8.9	34.5	287.6	20.8	60.3	113.2	20.5	139.2	131.4	94.4	22.0
	宁河	4/22	5/12	20	8/1	8/14	9/16	148	6.9	27.2	273.6	16.0	72.0	100.0	18.0	219.0	192.0	87.6	24.7
	武清	4/28	5/18	20	8/7	8/10	9/30	155	7.2	26.1	262.5	16.8	64.4	112.8	20.7	183.2	155.9	85.1	23.3
	宝坻	4/29	5/20	21	8/12	8/20	9/25	148	7.9	31.1	293.7	18.2	59.0	119.0	17.9	134.2	129.9	96.8	26.0
	平均							154.2	9.4	35.1	273.1	18.4	58.3	111.1	19.6	163.8	149.2	91.9	23.5
旱稻297（CK）	蓟州	4/24	5/16		8/5	8/11	9/30	159	16.0	57.8	261.3	17.8	32.2	119.6	22.1	116.4	97.9	84.1	29.4
	静海	4/25	5/17		8/4	8/7	9/29	157	8.2	38.5	369.5	17.9	46.5	116.8	22.3	118.1	98.4	83.3	30.7
	宁河	4/22	5/12		7/28	8/9	9/10	142	5.9	33.8	471.9	15.6	65.0	104.0	17.8	131.0	114.0	87.0	30.2
	武清	4/28	5/18		8/4	8/13	9/29	154	6.4	32.0	400.0	16.1	50.3	121.5	22.1	127.7	103.2	80.8	29.8
	宝坻	4/29	5/20		8/9	8/16	9/25	148	7.4	34.6	367.6	17.4	50.0	104.0	22.1	116.4	97.9	84.1	29.4
	平均							152.0	8.8	39.3	374.1	17.0	48.8	113.2	21.3	121.9	102.3	83.9	29.9

附表7-5 2022年天津市特用稻品种区域试验参试品种抗性性状调查情况

品种名称	试点名称	耐寒性		整齐度	杂株率（%）	株型	长势	叶色	熟期转色	是否两段灌浆	倒伏性			落粒性	稻曲病（级）	穗颈瘟（级）	胡麻叶斑病（级）	条纹叶枯病（%）	纹枯病
		苗期耐寒	后期耐寒								日期（月/日）	面积占比（%）	程度						
中农大4号	蓟州			齐	0	紧束	繁茂	绿	好	否			直	中	轻	轻	轻	轻	轻
	静海			齐	0	紧束	繁茂	绿	好	否			直	中	轻	轻	轻	轻	轻
	宁河			齐	0	松散	繁茂	绿	好	否			直	中	无	无	无	无	无
	武清			齐	0	紧束	繁茂	绿	好	否			直	中	轻	轻	轻	轻	轻
	宝坻			齐	0	紧束	繁茂	绿	好	否			直	易	轻	轻	轻	轻	轻
	平均																		
中农大5号	蓟州			齐	0	适中	一般	绿	好	否			直	中	轻	轻	轻	轻	轻
	静海			齐	0	适中	一般	绿	好	否			直	中	轻	轻	轻	轻	轻
	宁河			齐	0	紧束	一般	绿	好	否			直	中	无	无	无	无	无
	武清			齐	0	适中	一般	绿	好	否			直	中	轻	轻	轻	轻	轻
	宝坻			齐	0	紧束	一般	绿	好	否			直	易	轻	轻	轻	轻	轻
	平均																		
旱稻297（CK）	蓟州			一般	1	松散	繁茂	绿	好	否			直	中	轻	轻	轻	轻	轻
	静海			一般	1.5	松散	繁茂	绿	中	否			直	中	轻	轻	轻	轻	轻
	宁河			一般	1.3	松散	繁茂	绿	好	否			直	易	无	无	无	无	无
	武清			一般	1	松散	繁茂	绿	好	否			直	中	轻	轻	轻	轻	轻
	宝坻									否			直	易	无	无	无	无	无
	平均																		

附表 7-6 2022 年天津市特用稻品种区域试验产量结果

品种名称	试点名称	小区产量（千克）			小区平均产量（千克）	折合亩产（千克）	比对照增减产（%）	位次
		I	II	III				
中农大4号	蓟州	10.33	10.00	10.89	10.41	520.50	29.16	1
	静海	10.44	10.28	10.67	10.46	523.00	28.66	1
	宁河	13.67	12.08	14.25	13.33	666.50	19.87	1
	武清	11.10	11.56	11.32	11.33	377.60	25.16	1
	宝坻	9.81	9.96	9.78	9.85	492.50	11.68	2
	平均	11.07	10.78	11.38	11.08	516.02	22.38	1
中农大5号	蓟州	8.90	9.52	9.28	9.23	461.50	14.52	2
	静海	9.03	9.39	9.6	9.34	467.00	14.88	2
	宁河	14.48	11.62	13.69	13.26	663.00	19.24	2
	武清	10.77	10.52	9.98	10.42	347.40	15.15	2
	宝坻	9.88	10.02	9.94	9.95	497.50	12.81	1
	平均	10.61	10.21	10.50	10.44	487.28	15.57	2
旱稻297（CK）	蓟州	7.48	8.39	8.31	8.06	403.00		3
	静海	7.65	8.47	8.26	8.13	406.50		3
	宁河	10.76	10.43	12.18	11.12	556.00		3
	武清	8.39	9.45	9.31	9.05	301.70		3
	宝坻	8.83	8.68	8.96	8.82	441.00		3
	平均	8.62	9.08	9.40	9.04	421.64		3

第八章　2022年天津市优质稻品种区域试验总结

一、试验目的

为加快育种科研成果转化为生产力的步伐，加快水稻新品种更换和推广，筛选适合天津市种植的丰产、优质、抗性好、适应性强的水稻品种，为品种审定和品种布局提供依据。

二、参试品种、供种单位及承试单位

1. 参试品种

优质稻区试共有5个参试品种，其中对照品种为津原E28。

2. 供种单位

详见表8-1。

表8-1　2022年天津市优质稻品种区域试验参试品种及育种（供种）单位

序号	品种名称	育种（供种）单位	参试年限
1	津育1875	天津金谷鑫农种业有限责任公司	第一年
2	津原88	天津市优质农产品开发示范中心	第一年
3	津育粳39	天津市农业科学院	第一年
4	晶香106	天津市裕农农作物种植专业合作社	第一年
5	津原E28（CK）	天津市优质农产品开发示范中心	

3. 承试单位

天津市原种场（原种场）、天津市水稻所（水稻所）、天津市农作物研究所（作物所）、天津天隆种业科技有限公司（天隆）、天津市玉米良种场（玉米场）。

三、试验方法及田间管理

1. 试验方法

试验设计采用完全随机区组设计，3次重复，小区面积为13.3米²，四周均设保护行。

2. 田间管理

所有参试品种同期播种、移栽、耕作，栽培措施与大田生产相同，只治虫不防病（纹枯病除外）。

四、试验结果与分析

2022年优质稻区参试品种试验结果：秧田期品种出苗良好，本田期缓苗较好。参试品种产量范围在553.45~633.57千克/亩，有3个品种较对照增产。

结果表明（表8-2）：以小区产量为依据，对5个试点、5个品种的3次重复试验进行一年多点方差分析。

表8-2　2022年天津市优质稻品种区域试验方差分析

变异来源	自由度	平方和	均方	F值	概率（小于0.05显著）
试点内区组	10	3.669 19	0.366 92	2.095 53	0.048
品种	4	30.813 96	7.703 49	43.995 77	0
试点	4	25.535 83	6.383 96	36.459 73	0
品种×试点	16	15.691 13	0.980 70	5.600 90	0
误差	40	7.003 85	0.175 10		
总变异	74	82.713 96			

注：本试验的误差变异系数CV（%）= 3.440。

结果表明（表8-3）：参试品种3个比对照增产，1个比对照减产。

表8-3 2022年天津市优质稻品种区域试验品种均值多重比较（LSD法）

品种名称	品种均值	0.05 显著性	0.01 显著性
津育1875	12.672 12	a	A
津原88	12.657 70	a	A
津育粳39	12.630 58	a	A
津原E28（CK）	11.796 93	b	B
晶香106	11.068 54	c	C

注：$LSD_{0.05} = 0.310\ 2$；$LSD_{0.01} = 0.414\ 1$。

结果表明（表8-4至表8-6）：各品种Shukla方差同质性检验（Bartlett测验）Prob. = 0.107 75，不显著，同质，各品种稳定性差异不显著。

表8-4 2022年天津市优质稻品种区域试验品种稳定性分析（Shukla稳定性方差）

品种名称	DF	Shukla方差	F 值	概率	互作方差	品种均值	Shukla变异系数（%）
津育1875	4	0.285 97	4.899 9	0.003	0.227 6	12.672 1	4.220 0
津育粳39	4	0.137 82	2.361 4	0.069	0.079 5	12.630 6	2.939 2
津原88	4	0.256 92	4.402 1	0.005	0.198 6	12.657 7	4.004 5
津原E28（CK）	4	0.050 60	0.866 9	0.492	0	11.796 9	1.906 8
晶香106	4	0.903 07	15.473 2	0	0.844 7	11.068 5	8.585 6

表8-5 2022年天津市优质稻品种区域试验品种Shulka方差的多重比较

品种名称	Shukla方差	0.05 显著性	0.01 显著性
晶香106	0.903 07	a	A
津育1875	0.285 97	ab	AB
津原88	0.256 92	ab	AB
津育粳39	0.137 82	b	AB
津原E28（CK）	0.050 60	b	B

表8-6 2022年天津市优质稻品种区域试验品种适应度分析

品种名称	品种均值	适应度（%）
津育1875	12.672 13	100.000
津育粳39	12.630 58	100.000
津原88	12.657 70	80.000
津原E28（CK）	11.796 93	0
晶香106	11.068 54	20.000

2022年优质稻品种区域试验数据汇总详见附表8-1、附表8-2和附表8-3。

附表8-1 2022年天津市优质稻品种区域试验参试品种综合性状调查情况

品种名称	试点名称	播种期(月/日)	移栽期(月/日)	秧龄(天)	始穗期(月/日)	齐穗期(月/日)	成熟期(月/日)	全生育期(天)	基本苗(万株/亩)	最高苗(万株/亩)	分蘖率(%)	有效穗(万穗/亩)	成穗率(%)	株高(厘米)	穗长(厘米)	单穗总粒数(粒)	单穗实粒数(粒)	结实率(%)	千粒重(克)
津育粳39	水稻所	4/14	5/28	44	8/13	8/21	10/3	172	7.3	36.1	394.8	27.4	76.0	98.2	21.2	116.5	107.2	92.0	26.1
	天隆	4/12	5/17	35	8/14	8/18	10/6	177	6.0	26.7	345.0	22.1	82.8	91.7	17.5	130.3	119.9	92.0	25.7
	玉米场	4/11	5/16	35	8/8	8/12	9/30	172	6.4	31.7	395.3	26.1	82.3	97.0	15.0	79.7	71.4	89.6	30.9
	原种场	4/6	5/21	45	8/10	8/16	9/19	165	4.1	28.9	609.1	19.9	69.0	94.0	16.5	118.0	112.0	94.9	26.0
	作物所	4/13	5/27	44	8/13	8/19	10/6	176	3.4	21.1	512.6	20.0	94.8	109.6	15.8	184.1	174.0	94.5	23.1
	平均							172.4	5.4	28.9	451.4	23.1	81.0	98.1	17.2	125.7	116.9	92.6	26.4
津育1875	水稻所	4/14	5/28	44	8/16	8/23	10/7	176	5.0	35.5	617.0	30.1	84.8	105.6	19.6	118.9	112.8	94.9	26.7
	天隆	4/12	5/17	35	8/14	8/19	10/5	176	6.0	25.3	321.7	21.3	84.2	111.7	20.7	129.4	126.7	97.9	28.3
	玉米场	4/11	5/16	35	8/14	8/17	10/1	173	7.5	31.7	322.7	30.0	94.6	105.5	16.0	99.6	94.0	94.4	27.0
	原种场	4/6	5/21	45	8/13	8/20	9/27	173	4.2	23.5	458.0	20.2	86.1	101.0	20.4	123.0	117.0	95.1	25.1
	作物所	4/13	5/27	44	8/25	8/30	10/7	177	4.8	21.6	351.0	21.0	97.4	117.4	22.9	144.3	123.1	85.3	21.9
	平均							175.0	5.5	27.5	414.1	24.5	89.4	108.2	19.9	123.0	114.7	93.5	25.8
晶香106	水稻所	4/14	5/28	44	8/18	8/24	10/5	174	4.4	20.0	355.0	15.9	79.4	134.9	21.3	202.0	186.3	92.2	31.1
	天隆	4/12	5/17	35	8/14	8/19	10/6	177	6.0	14.5	141.7	12.4	85.5	132.3	21.4	150.4	144.3	95.9	30.1
	玉米场	4/11	5/16	35	8/17	8/20	9/29	171	6.1	22.8	273.8	15.6	68.4	135.0	21.5	160.1	143.6	89.7	30.0
	原种场	4/6	5/21	45	8/18	8/25	9/28	174	4.2	17.5	314.2	12.3	70.5	126.5	19.6	140.0	132.0	94.3	28.3
	作物所	4/13	5/27	44	8/22	8/26	10/10	180	3.7	20.8	467.3	14.3	68.8	140.5	21.1	286.8	253.2	88.3	27.9
	平均							175.2	4.9	19.1	310.4	14.1	74.5	133.8	21.0	187.9	171.9	92.1	29.5

（续表）

品种名称	试点名称	播种期(月/日)	移栽期(月/日)	秧龄(天)	始穗期(月/日)	齐穗期(月/日)	成熟期(月/日)	全生育期(天)	基本苗(万株/亩)	最高苗(万株/亩)	分蘖率(%)	有效穗(万株/亩)	成穗率(%)	株高(厘米)	穗长(厘米)	单穗总粒数(粒)	单穗实粒数(粒)	结实率(%)	千粒重(克)
津原88	水稻所	4/14	5/28	44	8/13	8/20	10/10	179	5.8	25.8	349.2	22.5	87.3	117.9	22.6	243.2	220.7	90.7	24.5
	天隆	4/12	5/17	35	8/9	8/14	10/3	174	6.0	18.4	206.7	15.2	82.6	118.3	21.3	175.0	154.0	88.0	27.1
	玉米场	4/11	5/16	35	8/7	8/12	9/30	172	7.5	27.8	270.7	19.4	69.8	108.5	15.5	105.7	72.9	69.0	28.9
	原种场	4/6	5/21	45	8/8	8/15	9/26	172	4.0	20.5	417.4	15.0	72.8	113.5	22.0	139.0	132.0	95.0	26.8
	作物所	4/13	5/27	44	8/13	8/17	9/30	170	3.8	19.1	405.6	15.3	80.1	125.0	25.6	229.2	185.8	81.1	23.2
	平均							173.4	5.4	22.3	329.9	17.5	78.5	116.6	21.4	178.4	153.1	84.7	26.1
津原E28(CK)	水稻所	4/14	5/28	44	8/14	8/22	10/4	173	4.7	27.2	485.6	22.0	80.7	115.0	23.6	143.9	136.5	94.9	25.5
	天隆	4/12	5/17	35	8/11	8/16	10/3	174	6.0	21.3	255.0	17.3	81.2	116.0	24.4	132.3	118.8	89.8	29.1
	玉米场	4/11	5/16	35	8/7	8/12	9/28	170	7.8	30.6	292.3	25.0	81.7	107.0	18.0	99.6	89.8	90.2	29.7
	原种场	4/6	5/21	45	8/5	8/11	9/21	167	4.2	25.6	503.5	18.3	71.6	103.0	22.9	119.0	113.0	95.0	31.8
	作物所	4/13	5/27	44	8/15	8/20	10/5	175	4.7	21.6	362.0	19.0	88.1	120.5	24.6	154.2	143.0	92.7	28.2
	平均							171.8	5.5	25.3	379.7	20.3	80.7	112.3	22.7	129.8	120.2	92.5	28.9

附表8-2 2022年天津市优质稻品种区域试验参试品种抗性性状调查情况

品种名称	试点名称	耐寒性		整齐度	杂株率(%)	株型	长势	叶色	熟期转色	是否两段灌浆	倒伏性			落粒性	稻曲病(级)	穗颈瘟(级)	胡麻叶斑病(级)	条纹叶枯病(%)	纹枯病
		苗期耐寒	后期耐寒								日期(月/日)	面积占比(%)	程度						
津育粳39	水稻所	强	强	齐	0	适中	繁茂	绿	好	否			直	中	无	无	无	无	中
	天隆	强	强	齐	0	紧束	繁茂	绿	好	否			直	难	无	无	无	无	无
	玉米场	强	强	齐	0	紧束	繁茂	绿	好	不明显			直	难	无	无	1	无	无
	原种场	强	强	齐	0	紧束	繁茂	绿	好	不明显			直	难	无	无	无	无	无
	作物所	强	强	齐	0	紧束	繁茂	绿	好	否			直	难	无	无	无	无	无
	平均																		
津育1875	水稻所	强	中	齐	0	适中	繁茂	浓绿	好	否			直	难	轻	无	无	无	轻
	天隆	强	强	齐	0	适中	繁茂	绿	好	否			直	难	无	无	无	无	无
	玉米场	强	强	齐	0	适中	繁茂	浓绿	好	不明显			直	难	无	无	1	无	无
	原种场	强	强	齐	0	松散	繁茂	浓绿	好	不明显			直	难	无	无	无	无	无
	作物所	强	强	齐	0	适中	繁茂	绿	好	否			直	难	无	无	无	无	无
	平均																		
晶香106	水稻所	强	强	齐	0	适中	繁茂	绿	好	否	10/8	4	斜	中	轻	无	无	无	重
	天隆	强	强	齐	0	紧束	繁茂	绿	好	否	9/28	20	倒	难	无	无	无	无	无
	玉米场	强	强	齐	0	紧束	繁茂	绿	好	不明显			直	难	无	无	1	无	无
	原种场	强	强	齐	0	松散	中等	浓绿	好	不明显			直	难	无	1	无	无	无
	作物所	强	强	齐	0	紧束	繁茂	绿	好	否	9/25	10	倒	难	无	无	无	无	无
	平均																		

（续表）

品种名称	试点名称	耐寒性		整齐度	杂株率(%)	株型	长势	叶色	熟期转色	是否两段灌浆	倒伏性			落粒性	稻曲病(级)	穗颈瘟(级)	胡麻叶斑病(级)	条纹叶枯病(%)	纹枯病
		苗期耐寒	后期耐寒								日期(月/日)	面积占比(%)	程度						
津原88	水稻所	强	强	齐	0	紧束	繁茂	绿	中	否			直	难	轻	无	无	无	重
	天隆	强	强	齐	0	紧束	繁茂	浓绿	好	否			直	难	无	无	无	无	无
	玉米场	强	强	齐	2	紧束	繁茂	绿	好	不明显			直	难	无	无	1	无	无
	原种场	强	强	齐	0	紧束	中等	浓绿	好	不明显			直	难	无	无	无	无	无
	作物所	强	强	齐	0	紧束	繁茂	浓绿	好	否			直	难	无	无	无	无	无
	平均																		
津原E28（CK）	水稻所	中	强	齐	0	松散	繁茂	淡绿	好	否			直	难	无	无	无	无	中
	天隆	强	强	齐	0	紧束	繁茂	绿	好	否			直	难	无	无	无	无	无
	玉米场	强	强	齐	0	适中	繁茂	绿	好	不明显			直	难	无	无	1	无	无
	原种场	强	强	齐	0	松散	繁茂	淡绿	好	不明显			直	难	无	无	无	无	无
	作物所	强	强	齐	0	紧束	繁茂	绿	好	否			直	难	无	无	无	无	无
	平均																		

附表 8-3 2022年天津市优质稻品种区域试验产量结果

品种名称	试点名称	小区产量（千克）			小区平均产量（千克）	折合亩产（千克）	比对照增减产（%）	位次
		I	II	III				
津育1875	水稻所	13.37	12.85	13.71	13.31	667.21	12.7	1
	天隆	12.33	12.69	12.94	12.65	632.84	15.5	1
	玉米场	12.97	13.01	12.93	12.97	643.36	3.2	2
	原种场	12.15	13.05	12.90	12.70	636.62	1.2	3
	作物所	11.32	11.54	12.32	11.73	587.81	5.6	3
	平均	12.43	12.63	12.96	12.67	633.57	7.6	
津原88	水稻所	11.74	12.53	13.28	12.52	627.36	6.0	4
	天隆	10.80	12.64	11.99	11.81	590.47	7.7	2
	玉米场	13.91	13.89	13.82	13.87	688.16	10.4	1
	原种场	13.30	13.05	12.85	13.07	655.17	4.1	2
	作物所	11.76	11.66	12.66	12.03	602.84	8.3	2
	平均	12.30	12.75	12.92	12.66	632.80	7.3	
津育粳39	水稻所	13.24	12.66	12.11	12.67	635.11	7.3	3
	天隆	11.69	11.98	11.36	11.68	583.96	6.6	3
	玉米场	13.09	12.84	12.83	12.92	640.88	2.8	3
	原种场	13.30	13.55	13.75	13.53	678.23	7.8	1
	作物所	12.40	11.82	12.84	12.35	619.22	11.3	1
	平均	12.74	12.57	12.58	12.63	631.48	7.2	
津原E28（CK）	水稻所	11.94	12.25	11.23	11.81	591.82		5
	天隆	10.88	10.90	11.10	10.96	548.06		4
	玉米场	12.51	12.63	12.57	12.57	623.52		4
	原种场	11.40	13.20	13.05	12.55	629.10		4
	作物所	10.86	11.08	11.36	11.10	556.39		4
	平均	11.52	12.01	11.86	11.80	589.78		
晶香106	水稻所	13.08	12.41	13.12	12.87	645.14	9.0	2
	天隆	9.76	9.99	9.54	9.76	488.26	-10.9	5
	玉米场	10.92	11.25	10.94	11.04	547.46	-12.2	5
	原种场	11.20	11.30	11.10	11.20	561.40	-10.8	5
	作物所	9.82	10.58	11.02	10.47	524.98	-5.6	5
	平均	10.96	11.11	11.14	11.07	553.45	-6.1	

第九章 2022年天津市玉米品种区域试验总结

一、试验目的

鉴定供试品种（系）在天津市的适应性、丰产性和抗逆性，为品种审定和推广提供依据。

二、参试品种及承试单位

参试品种见表9-1和表9-2。

表9-1 2022年天津市玉米品种区域试验参试品种（春玉米）

序号	品种名称	选育单位
1	郑单958（CK）	
2	NF2565	海南万农先锋种子有限公司
3	P212	铁岭先锋种子研究有限公司
4	ZY819	天津市农业科学院
5	津选玉221	天津市农业科学院
6	浚单168	鹤壁市农业科学院
7	津贮200	天津中天润农科技有限公司
8	津2001	天津市农业科学院
9	新玉187	郑州市新育农作物研究所、河南大成种业有限公司
10	同丰162	北京中农同丰农业科技有限公司
11	同丰192（申请退出）	北京中农同丰农业科技有限公司

表9-2 2022年天津市玉米品种区域试验参试品种（夏玉米）

序号	品种名称	选育单位
1	京单58（CK）	
2	天塔518	天津中天大地科技有限公司
3	鲁研106	中种国际种子有限公司、山东鲁研农业良种有限公司
4	兴茂玉221	北京恒茂益远农业科技有限公司
5	科华666	山西强盛种业有限公司
6	冀玉803	河北省农林科学院粮油作物研究所
7	棒博士58	河南秀青种业有限公司
8	吉艾玉168	吉林丰德康种业有限公司、河南丰德康种业股份有限公司
9	A166	山东爱农种业有限公司
10	先玉2163	铁岭先锋种子研究有限公司
11	永协518	石家庄永协农业科技有限公司
12	尧元1126	河北尧元农业有限公司
13	沽玉901	天津中天大地科技有限公司
14	固玉6号（申请退出）	固安县金田种业有限公司

春玉米承试单位：天津蓟县康恩伟泰种子有限公司、天津宝坻区农业发展服务中心、天津保农仓农

业科技有限公司、天津市农作物研究所、天津中天大地科技有限公司、天津市优质农产品开发示范中心、天津金世神农种业有限公司。

夏玉米承试单位：天津蓟县康恩伟泰种子有限公司、天津宝坻区农业发展服务中心、天津保农仓农业科技有限公司、天津市农作物研究所、天津中天大地科技有限公司、天津市优质农产品开发示范中心、天津金世神农种业有限公司。

三、试验设计

试验采用随机区组排列，重复 3 次，5 行区，小区面积为 20 米^2，实收中间 3 行（面积 12 米^2）。春玉米种植密度为 4 000 株/亩，对照郑单 958。夏玉米种植密度为 4 500 株/亩，对照京单 58。

四、试验执行情况

天津市中天大地科技有限公司春玉米试点干旱严重，作物虽然能成熟但产量数据受影响较大，极值较多，经研究决定该试点春玉米试验数据不纳入最终汇总。

五、气象情况

春玉米：前期整体温度不高，降雨极少，田间连续干旱，各试点均通过适时喷灌缓解旱情；中后期整体降水量增多，蓟州、宝坻、武清试点出现多次强降雨，造成个别品种出现倒伏；后期降水量适中，光照充足，利于玉米灌浆成熟，产量较往年较高。

夏玉米：前期降水量较充足，宝坻试点苗期降雨较少；中期降水量较往年较少，土壤旱情严重，各试点均灌溉处理，蓟州、宝坻、武清出现大雨大风天气，部分品种发生倒伏；后期降雨较多，宝坻试点10 月中上旬出现低温天气，部分品种叶片发生冻害。

六、试验结果与分析

（一）春玉米产量结果

1. 方差分析

对春玉米 6 个点、11 个品种的 3 次重复进行一年多点方差分析（表 9-3、表 9-4）：变异系数 CV（%）= 3.490，$LSD_{0.05}$ = 0.325 9，$LSD_{0.01}$ = 0.431 2。

表 9-3 2022 年天津市春玉米品种区域试验方差分析

变异来源	自由度	平方和	均方	F 值	概率（小于 0.05 显著）
试点内区组	12	6. 349 96	0. 529 16	2. 170 70	0. 017
品种	10	52. 366 16	5. 236 62	21. 481 33	0
试点	5	353. 217 17	70. 643 43	289. 789 18	0
品种×试点	50	51. 434 61	2. 102 11	4. 219 84	0
误差	120	29. 253 03	0. 243 78		
总变异	197	492. 620 94			

表 9-4 2022 年天津市春玉米品种区域试验品种均值多重比较（LSD 法）

序号	品种名称	品种均值	0.05 显著性	0.01 显著性	位次
1	浚单 168	15. 127 78	a	A	1
2	津 2001	14. 635 56	b	B	2
3	同丰 162	14. 531 11	b	BC	3
4	ZY819	14. 449 44	bc	BCD	4
5	津选玉 211	14. 313 89	bcd	BCD	5
6	同丰 192	14. 150 55	cde	CDE	6
7	新玉 187	14. 037 78	def	DE	7
8	津贮 200	13. 853 33	efg	EF	8

（续表）

序号	品种名称	品种均值	0.05 显著性	0.01 显著性	位次
9	郑单 958（CK）	13.737 78	fg	EF	9
10	P212	13.538 89	gh	FG	10
11	NF2565	15.127 78a	h	G	11

结果表明：浚单 168、津 2001、同丰 162、ZY819、津选玉 211、同丰 192 较对照增产，差异极显著；新玉 187、津贮 200、较对照增产，差异显著；P212、NF2565 较对照减产，差异显著。

2. 品种稳定性分析

Shukla 稳定性方差结果见表 9-5。

表 9-5　2022 年天津市春玉米品种区域试验 Shulka 稳定性方差

序号	品种名称	Shukla 变异系数（%）	Shukla 方差	0.05 显著性	0.01 显著性	DF	F 值	概率	互作方差
1	NF2565	4.241 7	0.315 82	bc	A	5	3.887 6	0.003	0.234 6
2	P212	3.339 5	0.204 42	abc	A	5	2.516 3	0.033	0.123 2
3	ZY819	5.042 7	0.530 93	c	A	5	6.535 5	0	0.449 7
4	津 2001	7.611 0	1.240 79	c	A	5	15.273 6	0	1.159 6
5	津选玉 211	1.387 1	0.039 42	ab	A	5	0.485 3	0.787	0
6	津贮 200	4.975 5	0.475 11	abc	A	5	5.848 3	0	0.393 9
7	浚单 168	2.669 2	0.163 05	abc	A	5	2.007 1	0.082	0.081 8
8	同丰 162	1.479 4	0.046 21	abc	A	5	0.568 8	0.724	0
9	同丰 192	2.253 3	0.101 67	c	A	5	1.251 5	0.290	0.020 4
10	新玉 187	5.410 6	0.576 88	abc	A	5	7.101 1	0	0.495 6
11	郑单 958（CK）	2.019 5	0.076 97	abc	A	5	0.947 4	0.453	0

结果表明：各品种 Shukla 方差同质性检验（Bartlett 测验）Prob. = 0.003 32，极显著，不同质，各品种稳定性差异极显著。

3. 品种评述

2022 年天津市春玉米品种区试参试品种（系），亩产量幅度为 736.2~840.5 千克，对照郑单 958 平均亩产 763.1 千克。参试品种产量较对照增减产幅度为 -3.53%~10.14%。各参试品种按增产百分率排名，现分述如下。

（1）浚单 168：第一年参试，平均亩产 840.5 千克，较对照郑单 958 增产 10.14%，增产极显著，居 10 个品种第 1 位，增产点比率 100%。平均生育期 114.0 天，株高 302.4 厘米，穗位高 123.1 厘米，穗长 19.7 厘米，穗粗 4.8 厘米，穗行数 16.9，秃尖长 0.4 厘米，单穗粒重 209.1 克，百粒重 34.1 克。田间表现倒折倒伏率之和平均 0，倒伏倒折率之和 ≥10% 的点次比例 0，大斑病 1 级，穗腐病 1 级，茎腐病 0.4%。

（2）津 2001：第二年参试，平均亩产 813.1 千克，较对照郑单 958 增产 6.55%，增产极显著，居 10 个品种第 2 位，增产点比率 100%。平均生育期 112.3 天，株高 335.3 厘米，穗位高 134.2 厘米，穗长 19.3 厘米，穗粗 4.8 厘米，穗行数 17.2，秃尖长 0.8 厘米，单穗粒重 206.6 克，百粒重 32.8 克。田间表现倒折倒伏率之和平均 0.4%，倒伏倒折率之和 ≥10% 的点次比例 0，大斑病 1 级，穗腐病 1 级，茎腐病 0.5%。

（3）同丰 162：第二年参试，平均亩产 807.2 千克，较对照郑单 958 增产 5.78%，增产极显著，居 10 个品种第 3 位，增产点比率 100%。平均生育期 112.8 天，株高 323.5 厘米，穗位高 128.3 厘米，穗长 19.5 厘米，穗粗 4.8 厘米，穗行数 17.9，秃尖长 1 厘米，单穗粒重 204.2 克，百粒重 33.8 克。田间表现倒折倒伏率之和平均 0，倒伏倒折率之和 ≥10% 的点次比例 0，大斑病 1 级，穗腐病 1 级，茎腐病0.3%。

（4）ZY819：第一年参试，平均亩产802.7千克，较对照郑单958增产5.19%，增产极显著，居10个品种第4位，增产点比率83.3%。平均生育期113.5天，株高322.5厘米，穗位高125.4厘米，穗长19.6厘米，穗粗4.8厘米，穗行数16.2，秃尖长1.0厘米，单穗粒重202.6克，百粒重35.7克。田间表现倒折倒伏率之和平均0，倒伏倒折率之和≥10%的点次比例0，大斑病1级，穗腐病1级，茎腐病0.4%。

（5）津选玉211：第一年参试，平均亩产795.1千克，较对照郑单958增产4.19%，增产显著，居10个品种第5位，增产点比率100%。平均生育期113.3天，株高301.5厘米，穗位高125.5厘米，穗长19.5厘米，穗粗4.6厘米，穗行数18.7，秃尖长0.4厘米，单穗粒重206.6克，百粒重32.3克。田间表现倒折倒伏率之和平均0，倒伏倒折率之和≥10%的点次比例0，大斑病1级，穗腐病1级，茎腐病1%。

（6）新玉187：第二年参试，平均亩产779.9千克，较对照郑单958增产2.20%，增产显著，居10个品种第6位，增产点比率66.7%。平均生育期112.5天，株高292.6厘米，穗位高122.3厘米，穗长18.9厘米，穗粗4.9厘米，穗行数15.0，秃尖长0.3厘米，单穗粒重203.1克，百粒重38.0克。田间表现倒折倒伏率之和平均1.6%，倒伏倒折率之和≥10%的点次比例0，大斑病1级，穗腐病1级，茎腐病0.2%。

（7）津贮200：第一年参试，平均亩产769.6千克，较对照郑单958增产0.85%，增产显著，居10个品种第7位，增产点比率66.7%。平均生育期113.8天，株高309.3厘米，穗位高141.3厘米，穗长16.6厘米，穗粗5.3厘米，穗行数17.4，秃尖长1.0厘米，单穗粒重194.1克，百粒重33.3克。田间表现倒折倒伏率之和平均6.7%，倒伏倒折率之和≥10%的点次比例50%，大斑病1级，穗腐病1级，茎腐病4.9%。

（8）郑单958：本试验对照品种，平均亩产763.1千克。平均生育期113.3天，株高283.4厘米，穗位133.8厘米，穗长17.6厘米，穗粗4.8厘米，穗行数15.1，秃尖长0.1厘米，单穗粒重194.3克，百粒重34.9克。田间表现倒折倒伏率之和平均0.3%，倒伏倒折率之和≥10%的点次比例0，大斑病1级，穗腐病1级，茎腐病0.2%。

（9）P212：第一年参试，平均亩产752.1千克，较对照郑单958减产1.44%，居10个品种第9位，增产点比率50%。平均生育期112.3天，株高303.8厘米，穗位高117.9厘米，穗长18.4厘米，穗粗4.6厘米，穗行数17.5，秃尖长0.9厘米，单穗粒重195.5克，百粒重32.7克。田间表现倒折倒伏率之和平均0，倒伏倒折率之和≥10%的点次比例0，大斑病1级，穗腐病1级，茎腐病0.2%。

（10）NF2565：第一年参试，平均亩产736.2千克，较对照郑单958减产3.53%，居10个品种第10位，增产点比率16.7%。平均生育期111.8天，株高279.6厘米，穗位100.8厘米，穗长16.9厘米，穗粗5.0厘米，穗行数19.2，秃尖长0.2厘米，单穗粒重190.8克，百粒重34.9克。田间表现倒折倒伏率之和平均0.1%，倒伏倒折率之和≥10%的点次比例1%，大斑病1级，穗腐病1级，茎腐病1.6%。

4. 各参试品种处理意见

根据参试品种在区试中的综合表现，推荐浚单168、津2001、同丰162、ZY819继续参试，其他品种停止试验。

（二）夏玉米产量结果

1. 方差分析

对夏玉米7个点、14个品种的3次重复进行一年多点方差分析（表9-6、表9-7）：变异系数CV（%）= 5.545，$LSD_{0.05}$ = 0.446 7，$LSD_{0.01}$ = 0.588 9。

表9-6　2022年天津市夏玉米品种区域试验方差分析

变异来源	自由度	平方和	均方	F 值	概率（小于0.05显著）
试点内区组	14	10.389 32	0.742 09	1.388 43	0.162
品种	13	58.340 14	4.487 70	8.396 34	0
试点	6	597.619 90	99.603 32	186.354 54	0
品种×试点	78	421.823 15	5.407 99	10.118 17	0
误差	182	97.275 89	0.534 48		
总变异	293	1 185.448 39			

表 9-7　2022 年天津市夏玉米品种区域试验品种均值多重比较（LSD 法）

序号	品种名称	品种均值	0.05 显著性	0.01 显著性	位次
1	先玉 2163	14.298 02	a	A	1
2	冀玉 803	13.614 64	b	B	2
3	鲁研 106	13.498 19	bc	BC	3
4	天塔 518	13.417 68	bcd	BCD	4
5	棒博士 58	13.348 46	bcde	BCD	5
6	A166	13.280 45	bcdef	BCDE	6
7	吉艾玉 168	13.265 36	bcdef	BCDE	7
8	京单 58（CK）	13.140 05	cdefg	BCDEF	8
9	兴茂玉 221	13.037 48	defgh	BCDEFG	9
10	沽玉 901	12.962 89	efgh	CDEFG	10
11	尧元 1126	12.852 39	fghi	DEFG	11
12	固玉 6 号	12.736 97	ghi	EFG	12
13	永协 518	12.620 06	hi	FG	13
14	科华 666	12.509 31	i	G	14

结果表明：先玉 2163 较对照增产，差异极显著；冀玉 803、鲁研 106、天塔 518、棒博士 58、A166、吉艾玉 168 较对照增产，差异显著；兴茂玉 221、沽玉 901、尧元 1126、固玉 6 号、永协 518、科华 666 较对照减产，差异显著。

2. 品种稳定性分析

Shukla 稳定性方差见表 9-8。

表 9-8　2022 年天津市夏玉米品种区域试验 Shulka 稳定性方差

序号	品种名称	Shukla 变异系数（%）	Shukla 方差	0.05 显著性	0.01 显著性	DF	F 值	概率	互作方差
1	A166	11.895 3	2.495 62	a	A	6	14.008 0	0	2.317 5
2	棒博士 58	5.607 6	0.560 30	ab	AB	6	3.145 0	0.006	0.382 1
3	沽玉 901	7.007 3	0.825 10	abc	AB	6	4.631 3	0	0.646 9
4	固玉 6 号	8.154 1	1.078 66	abc	AB	6	6.054 6	0	0.900 5
5	吉艾玉 168	7.338 1	0.947 56	abc	AB	6	5.318 7	0	0.769 4
6	冀玉 803	3.808 9	0.268 91	abc	AB	6	1.509 4	0.177	0.090 8
7	京单 58	6.657 4	0.765 25	abc	AB	6	4.295 4	0	0.587 1
8	科华 666	12.677 9	2.515 12	abc	AB	6	14.117 5	0	2.337 0
9	鲁研 106	7.955 3	1.153 10	abcd	AB	6	6.472 4	0	0.974 9
10	吴搭 518	2.651 9	0.126 61	abcd	AB	6	0.710 7	0.641	0
11	先玉 2163	10.754 0	2.364 26	abcd	AB	6	13.270 7	0	2.186 1
12	兴茂玉 221	6.204 0	0.654 22	abcd	AB	6	3.672 2	0	0.476 1
13	尧元 1126	22.937 7	8.690 99	abcd	AB	6	48.782 9	0	8.512 8
14	永协 518	13.240 1	2.791 92	abcd	AB	6	15.671 2	0	2.613 8

结果表明：各品种 Shukla 方差同质性检验（Bartlett 测验）Prob. = 0.000 14，极显著，不同质，各品种稳定性差异极显著。

3. 品种评述

2022年天津市夏玉米品种区试参试品种（系），亩产量幅度为694.9~794.3千克，对照京单58平均亩产730.1千克。参试品种产量较对照增减产幅度为－4.82%~8.79%。参试品种平均生育期在107.2~113.8天，对照品种京单58为111.6天。各参试品种按增产百分率排名，现分述如下。

（1）先玉2163：第二年参试，平均亩产794.3千克，较对照京单58增产8.79%，增产极显著，居13个品种第1位，增产点比率85.7%。平均生育期107.2天，株高262.2厘米，穗位高89.4厘米，穗长19.9厘米，穗粗4.8厘米，穗行数15.5，秃尖长1.2厘米，单穗粒重180.0克，百粒重32.7克。田间倒伏倒折率之和平均0.1%，倒伏倒折率之和≥10%的点次比例0，小斑病1级，穗腐病1级，茎腐病0。

（2）冀玉803：第一年参试，平均亩产756.3千克，较对照京单58增产3.59%，增产显著，居13个品种第2位，增产点比率85.7%。平均生育期113.8天，株高255.1厘米，穗位高106.5厘米，穗长20.1厘米，穗粗5.1厘米，穗行数15.6，秃尖长0.5厘米，单穗粒重190.0克，百粒重36.3克。田间倒伏倒折率之和平均0.5%，倒伏倒折率之和≥10%的点次比例0，小斑病1级，穗腐病1级，茎腐病0。

（3）鲁研106：第一年参试，平均亩产749.9千克，较对照京单58增产2.71%，增产显著，居13个品种第3位，增产点比率71.4%。平均生育期112.8天，株高256.0厘米，穗位高106.1厘米，穗长18.0厘米，穗粗5.0厘米，穗行数17.1，秃尖长1.2厘米，单穗粒重169.7克，百粒重29.8克。田间倒伏倒折率之和平均0，倒伏倒折率之和≥10%的点次比例0，小斑病1级，穗腐病1级，茎腐病0。

（4）天塔518：第一年参试，平均亩产745.4千克，较对照京单58增产2.10%，增产显著，居13个品种第4位，增产点比率71.4%。平均生育期112.4天，株高241.3厘米，穗位高112.8厘米，穗长19.4厘米，穗粗5.1厘米，穗行数16.2，秃尖长0.2厘米，单穗粒重173.5克，百粒重29.9克。田间倒伏倒折率之和平均2.0%，倒伏倒折率之和≥10%的点次比例0，小斑病1级，穗腐病1级，茎腐病0。

（5）棒博士58：第一年参试，平均亩产741.6千克，较对照京单58增产1.58%，增产显著，居13个品种第5位，增产点比率57.1%。平均生育期112.4天，株高228.9厘米，穗位高82.9厘米，穗长17.3厘米，穗粗5.3厘米，穗行数17.1，秃尖长0.3厘米，单穗粒重174.7克，百粒重34.0克。田间倒伏倒折率之和平均0.4%，倒伏倒折率之和≥10%的点次比例0，小斑病1级，穗腐病1级，茎腐病0。

（6）A166：第二年参试，平均亩产737.8千克，较对照京单58增产1.05%，增产显著，居13个品种第6位，增产点比率71.4%。平均生育期109.8天，株高253.9厘米，穗位高98.9厘米，穗长20.7厘米，穗粗5.0厘米，穗行数17.2，秃尖长0.5厘米，单穗粒重185.7克，百粒重33.3克。田间倒伏倒折率之和平均6.5%，倒伏倒折率之和≥10%的点次比例14.3%，小斑病1级，穗腐病1级，茎腐病0。

（7）吉艾玉168：第一年参试，平均亩产736.9千克，较对照京单58增产0.93%，增产显著，居13个品种第7位，增产点比率57.1%。平均生育期110.4天，株高233.4厘米，穗位高90.0厘米，穗长18.8厘米，穗粗5.2厘米，穗行数18.3，秃尖长1.4厘米，单穗粒重182.3克，百粒重35.0克。田间倒伏倒折率之和平均0.6%，倒伏倒折率之和≥10%的点次比例0，小斑病1级，穗腐病1级，茎腐病0。

（8）京单58：本试验对照品种，平均亩产730.1千克，居13个品种第8位。平均生育期111.6天，株高254.4厘米，穗位高97.0厘米，穗长18.7厘米，穗粗4.8厘米，穗行数13.3，秃尖长0.5厘米，单穗粒重154.6克，百粒重40.2克。田间表现倒折倒伏率之和平均1.1%，倒伏倒折率之和≥10%的点次比例0，小斑病3级，茎腐病0.6%。

（9）兴茂玉221：第一年参试，平均亩产724.3千克，较对照京单58减产0.79%，居13个品种第9位，增产点比率42.9%。平均生育期111.2天，株高278.0厘米，穗位高103.4厘米，穗长18.0厘米，穗粗5.0厘米，穗行数13.3，秃尖长0.2厘米，单穗粒重181.6克，百粒重40.6克。田间倒伏倒折率之和平均0，倒伏倒折率之和≥10%的点次比例0，小斑病1级，穗腐病1级，茎腐病0。

（10）沽玉901：第二年参试，平均亩产720.2千克，较对照京单58减产1.36%，居13个品种第10位，增产点比率71.4%。平均生育期111.4天，株高243.1厘米，穗位高97.2厘米，穗长17.6厘米，穗粗4.8厘米，穗行数15.7，秃尖长0.6厘米，单穗粒重171.2克，百粒重33.8克。田间倒伏倒折率之和平均3.9%，倒伏倒折率之和≥10%的点次比例14.3%，小斑病1级，穗腐病1级，茎腐病0。

（11）尧元1126：第二年参试，平均亩产714.1千克，较对照京单58减产2.19%，居13个品种第11位，增产点比率71.4%。平均生育期109.6天，株高265.4厘米，穗位高102.9厘米，穗长19.0厘米，穗粗5.3厘米，穗行数18.4，秃尖长0.9厘米，单穗粒重188.0克，百粒重31.8克。田间倒伏倒折率之和平均10.1%，倒伏倒折率之和≥10%的点次比例14.3%，小斑病1级，穗腐病1级，茎腐病0。

（12）永协518：第二年参试，平均亩产701.1千克，较对照京单58减产3.97%，居13个品种第12位，增产点比率28.6%。平均生育期109.8天，株高259.9厘米，穗位高95.7厘米，穗长18.7厘米，穗粗5.0厘米，穗行数16.8，秃尖长0.7厘米，单穗粒重175.6克，百粒重29.9克。田间倒伏倒折率之和平均6.0%，倒伏倒折率之和≥10%的点次比例14.3%，小斑病1级，穗腐病1级，茎腐病0。

（13）科华666：第一年参试，平均亩产694.9千克，较对照京单58减产4.82%，居13个品种第13位，增产点比率28.6%。平均生育期113天，株高233.3厘米，穗位高88.0厘米，穗长18.7厘米，穗粗4.8厘米，穗行数18.5，秃尖长0.6厘米，单穗粒重164.8克，百粒重28.8克。田间倒伏倒折率之和平均0，倒伏倒折率之和≥10%的点次比例0，小斑病1级，穗腐病1级，茎腐病0。

4. 各参试品种处理意见

根据参试品种在区试中的综合表现，推荐先玉2163继续参试，其他品种停止试验。

2022年玉米品种区域试验数据汇总详见附表9-1至附表9-6。

附表 9-1 2022 年天津市玉米品种区域试验参试品种田间性状汇总（春玉米）

品种名称	试点名称	出苗期（月/日）	抽雄期（月/日）	吐丝期（月/日）	成熟期（月/日）	生育期（天）	收获时籽粒含水量（%）	花丝色	花药色	整齐度	株高（厘米）	穗位高（厘米）	株型	出苗率（%）
郑单958（CK）	蓟州	5/10	6/30	7/3	9/4	118	30.10	紫红	浅紫	较整齐	282	128	半紧凑	99.2
	宝坻	5/6	6/30	7/2	8/27	113	22.03	粉	黄	整齐	285	145	紧凑	100
	作物所	5/9	7/3	7/5	9/2	116	27.30	浅紫	浅紫	整齐	285	125	紧凑	100
	科益农	5/17	7/5	7/8	9/2	108	31	粉绿	绿	整齐	266	118	紧凑	99.2
	玉米场	5/5	7/2	7/5	8/28	115	12.80	浅紫	绿	整齐	293.5	149	紧凑	100
	神农	5/9	7/1	7/2	8/25	109	28.80	浅紫	绿	整齐	289	138	半紧凑	100
	平均					113.3	25.30				283.4	133.8		99.7
NF2565	蓟州	5/10	6/28	6/30	8/27	110	27.60	紫红	浅紫	不整齐	268	109	半紧凑	96.7
	宝坻	5/6	6/27	6/29	8/24	110	19.53	粉	紫	整齐	292	107	半紧凑	100
	作物所	5/9	7/1	7/4	8/31	114	28.90	浅紫	绿	整齐	293	106	半紧凑	100
	科益农	5/17	7/4	7/5	8/30	105	27.30	紫红	绿	整齐	261	93	半紧凑	98.3
	玉米场	5/5	6/29	7/1	8/26	113	12.40	紫	浅紫	整齐	278.5	110	紧凑	100
	神农	5/9	6/28	6/29	8/26	110	29.20	浅紫	绿	整齐	285	80	平展	100
	平均					111.8	24.20				279.6	100.8		99.2
P212	蓟州	5/10	7/1	6/30	8/28	111	30.10	紫红	浅紫	整齐	310	124	半紧凑	100
	宝坻	5/6	6/30	7/1	8/26	112	19.30	浅绿	浅紫	整齐	330	136	紧凑	100
	作物所	5/9	7/1	7/3	9/1	115	25.80	绿	浅紫	整齐	300	105	半紧凑	100
	科益农	5/17	7/7	7/9	9/1	107	31.50	浅绿	绿	整齐	275	100	半紧凑	99.2
	玉米场	5/5	7/2	7/1	8/26	113	11.60	浅紫	绿	整齐	295.5	131.5	紧凑	100
	神农	5/9	6/29	6/29	8/26	109	30.30	绿	浅紫	整齐	312	111	平展	100
	平均					112.3	24.80				303.8	117.9		99.9

（续表）

品种名称	试点名称	出苗期（月/日）	抽雄期（月/日）	吐丝期（月/日）	成熟期（月/日）	生育期（天）	收获时籽粒含水量（%）	花丝色	花药色	整齐度	株高（厘米）	穗位高（厘米）	株型	出苗率（%）
同丰192	蓟州	5/10	7/2	7/4	8/29	112	30.5	紫红	浅紫	整齐	320	133	半紧凑	97.5
	宝坻	5/6	7/2	7/5	8/26	112	18.2	浅绿	橙	整齐	339	160	半紧凑	100
	作物所	5/9	7/3	7/6	9/1	115	25.2	浅紫	浅紫	整齐	315	128	半紧凑	100
	科益农	5/18	7/7	7/9	9/1	106	30.5	紫红	浅紫	整齐	297	110	半紧凑	100
	玉米场	5/5	7/5	7/7	8/28	115	11.9	绿	浅紫	整齐	315.5	150	紧凑	100
	神农	5/9	7/2	7/3	8/24	108	28	浅紫	浅紫	整齐	325	129	平展	100
	平均					112.5	24.1				318.6	135.0		99.6
ZY819	蓟州	5/10	7/3	7/4	8/30	113	31.2	紫红	紫	整齐	324	132	半紧凑	100
	宝坻	5/6	7/1	7/2	8/26	112	17.63	橙黄	紫	整齐	352	142	紧凑	100
	作物所	5/9	7/3	7/5	9/1	115	24.6	淡紫	紫	整齐	315	111	半紧凑	100
	科益农	5/17	7/7	7/9	8/31	106	29.2	粉	浅紫	整齐	311	110	半紧凑	98.3
	玉米场	5/5	7/6	7/8	8/28	115	12.8	绿	浅紫	整齐	302	124.5	紧凑	100
	神农	5/9	7/3	7/4	8/28	112	27.9	绿	紫	整齐	331	133	平展	100
	平均					113.5	23.9				322.5	125.4		99.7
津选玉211	蓟州	5/10	6/30	7/1	9/1	115	31	紫红	浅紫	整齐	295	120	半紧凑	100
	宝坻	5/6	6/30	7/1	8/27	113	18.3	浅绿	橙	整齐	332	144	紧凑	100
	作物所	5/9	7/3	7/6	9/1	115	25	绿	浅紫	整齐	310	116	半紧凑	100
	科益农	5/17	7/4	7/6	8/30	105	30.1	浅绿	绿	整齐	283	112	半紧凑	100
	玉米场	5/5	7/2	7/4	8/28	115	12	绿	绿	整齐	289	124.5	紧凑	100
	神农	5/8	6/29	6/30	8/27	110	30.1	浅紫	浅紫	整齐	300	136	半紧凑	100
	平均					113.3	24.4				301.5	125.5		100.0

（续表）

品种名称	试点名称	出苗期（月/日）	抽雄期（月/日）	吐丝期（月/日）	成熟期（月/日）	生育期（天）	收获时籽粒含水量（%）	花丝色	花药色	整齐度	株高（厘米）	穗位高（厘米）	株型	出苗率（%）
浚单168	蓟州	5/10	7/2	7/4	8/31	114	29.50	浅绿	浅紫	较整齐	295	115	半紧凑	99.2
	宝坻	5/6	7/1	7/3	8/28	114	23.33	浅绿	黄	整齐	319	137	紧凑	100
	作物所	5/9	7/3	7/6	9/1	115	28.10	绿	绿	整齐	305	111	半紧凑	100
	科益农	5/18	7/6	7/8	9/3	108	32.40	浅绿	绿	整齐	293	113	半紧凑	100
	玉米场	5/5	7/5	7/7	8/28	115	14	浅紫	绿	整齐	296.5	134	紧凑	100
	神农	5/9	7/3	7/4	8/28	112	30.20	绿	绿	整齐	306	129	半紧凑	100
	平均					114.0	25.60				303.9	124.8		100.0
津贮200	蓟州	5/10	7/2	7/3	9/3	117	30.10	浅绿	紫	整齐	301	140	半紧凑	98.3
	宝坻	5/6	7/1	7/2	8/27	113	20.23	浅绿	绿	整齐	335	155	半紧凑	100
	作物所	5/9	7/3	7/5	9/3	117	27.20	绿	紫	整齐	318	138	半紧凑	100
	科益农	5/18	7/6	7/9	9/3	108	32.2	浅绿	紫	整齐	292	135	半紧凑	97.5
	玉米场	5/5	7/5	7/6	8/28	115	14	紫	绿	整齐	310.5	145.5	紧凑	100
	神农	5/8	7/3	7/4	8/27	110	29.10	绿	紫	整齐	299	134	平展	100
	平均					113.8	25.50				309.3	141.3		99.3
津2001	蓟州	5/10	7/2	7/3	8/28	111	26.90	紫红	浅紫	整齐	333	133	半紧凑	100
	宝坻	5/6	6/30	7/2	8/25	111	16.20	浅绿	橙	整齐	366	152	半紧凑	100
	作物所	5/9	7/3	7/6	8/31	114	23.10	绿	绿	整齐	330	126	半紧凑	100
	科益农	5/18	7/7	7/9	9/1	106	28.60	浅绿	绿	整齐	324	118	半紧凑	97.5
	玉米场	5/5	7/4	7/6	8/28	115	12.20	浅紫	绿	整齐	335	157	紧凑	100
	神农	5/9	7/2	7/3	8/25	109	28.90	绿	绿	整齐	324	119	平展	100
	平均					112.3	21.80				335.8	134.4		99.5

（续表）

品种名称	试点名称	出苗期（月/日）	抽雄期（月/日）	吐丝期（月/日）	成熟期（月/日）	生育期（天）	收获时籽粒含水量（%）	花丝色	花药色	整齐度	株高（厘米）	穗位高（厘米）	株型	出苗率（%）
新玉187	蓟州	5/10	7/1	7/2	8/31	114	27.70	紫红	浅紫	整齐	288	118	半紧凑	100
	宝坻	5/6	6/30	7/2	8/26	112	20.83	橙黄	黄	整齐	313	135	紧凑	100
	作物所	5/9	7/2	7/5	9/2	116	26.10	淡紫	绿	整齐	300	119	半紧凑	100
	科益农	5/18	7/5	7/5	9/1	106	30.50	粉	绿	整齐	276	108	半紧凑	100
	玉米场	5/5	7/3	7/3	8/26	113	13.60	浅紫	绿	整齐	289.5	126	紧凑	100
	神农	5/8	7/2	7/3	8/26	109	27.90	浅紫	绿	整齐	289	128	平展	100
	平均					112.5	24.40				292.6	122.3		100.0
同丰162	蓟州	5/10	7/2	7/3	8/30	113	29.50	紫红	浅紫	整齐	330	134	半紧凑	99.2
	宝坻	5/6	7/2	7/2	8/26	112	17.43	浅绿	紫	整齐	362	151	半紧凑	100
	作物所	5/9	7/3	7/6	9/1	115	24.90	绿	浅紫	整齐	312	113	半紧凑	100
	科益农	5/17	7/7	7/9	8/31	106	28.70	浅绿	浅紫	整齐	297	108	半紧凑	100
	玉米场	5/5	7/5	7/7	8/28	115	10.90	绿	绿	整齐	325	142	紧凑	100
	神农	5/8	7/4	7/4	8/25	109	31.50	绿	浅紫	整齐	315	122	平展	100
	平均					112.8	23.80				323.5	128.3		99.9

附表 9-2 2022 年天津市玉米品种区域试验参试品种田间抗性汇总（春玉米）

品种名称	试点名称	空秆率(%)			倒伏率(%)			倒折率(%)			大斑病(级)	茎腐病(%)				穗腐病(级)	丝黑穗病(%)	灰斑病(级)	弯孢叶斑病(级)	瘤黑粉病(%)	纹枯病(级)	粗缩病(%)	心叶期玉米螟(%)
		I	II	III	I	II	III	I	II	III		I	II	III	平均								
郑单958（CK）	蓟州	0	0	0	0	0	0	0	0	5.8	1	0	0	0	0	1	0	1	1	1	1	0	0
	宝坻	0	2.5	0	0	0	0	0	0	0	1	0	0	0	0	1	0	1	1	1	1	0	0
	作物所	0.83	0	0	0	0	3.33	0	0	0	1	0	3.3	3.3	1.02	1	0	1	1	0.3	1	0	0
	科益农	0	0	0	0	0	0	0	0	0	1	0	0	0	0	1	0	1	1	1	1	0	1.7
	玉米场	0	0	0	0	0	0	0	0	0	1	0	0	0	0	1	0	1	1	0	1	0	1
	神农	0	0	0	0	0	0	0	0	0	1	0	0	0	0	1	0	1	1	0	1	0	1
	中天大地	5.4	9.3	1.4	0	0	0	0	0	0	1	0	0	0	0	1	0	1	1	1	1	0	0
NF2565	蓟州	0	0	0	0	0	0	0	0	0	1	0	0	0	0	1	0	1	1	1	1	0	0
	宝坻	0	0	5.2	0	0	0	2.7	0	0	1	6.8	7.7	10.4	8.3	1	0	1	1	0.3	1	0	0
	作物所	0.83	0	0.83	0	0	0	0	0	0	3	6.7	4.2	3.3	1.01	1	0	1	1	1	1	0	0
	科益农	0	0	0	0	0	0	0	0	0	1	0	0	0	0	1	0	1	1	0	1	0	0
	玉米场	0	0	0	0	0	0	0	0	0	1	0	0	0	0	1	0	1	1	0	1	0	1
	神农	0	0	0	0	0	0	0	0	0	1	0	0	0	0	1	0	1	1	1	1	0	1
	中天大地	0	0	0	0	0	0	0	0	0	1	0	0	0	0	1	0	1	1	1	1	0	1
P212	蓟州	0	0	0	0	0	0	0	0	0	1	0	0	0	0	1	0	1	1	1	1	0	0
	宝坻	0	0	1.3	0	0	0	0	0	0	1	0	0	0	0	3	0	1	1	1	1	0	0
	作物所	0	0	0	0	0	0	0	0	0	1	0	0	0	1.02	1	0	1	1	0	1	0	0
	科益农	0	0	0	0	0	0	0	0	0	1	0	0	0	0	1	0	1	1	1	1	0	1
	玉米场	0	0	0	0	0	0	0	0	0	1	0	0	0	0	1	0	1	1	0	1	0	0
	神农	0	0	0	0	0	0	0	0	0	1	0	0	0	0	1	0	1	1	1	1	0	1
	中天大地	2.7	1.4	1.4	0	0	0	0	0	0	1	0	0	0	0	1	0	1	1	1	1	0	1

（续表）

品种名称	试点名称	空秆率（%）			倒伏率（%）			倒折率（%）			大斑病（级）	茎腐病（%）				穗腐病（级）	丝黑穗病（%）	灰斑病（级）	弯孢叶斑病（级）	瘤黑粉病（%）	纹枯病（级）	粗缩病（%）	心叶期玉米螟（%）
		I	II	III	I	II	III	I	II	III		I	II	III	平均								
同丰192	蓟州	0	0	0	58.3	0	0	4.2	11.7	8.3	1	0	0	0	0	1	0	1	1	1	1	0	0
	宝坻	0	3.8	4.1	0	0	0	0	0	0	1	0	0	0	0	3	0	1	1	1	1	0	0
	作物所	0	0	0	0	4.17	0	0	5	0	1	0	11.7	5.8	1.03		0	1	1	0.3	1	0	0
	科益农	0	0	0	0	0	0	0	0	0	3	0	0	0	0	1	0	1	1	1	1	0	0
	玉米场	0	0	0	0	0	0	0	0	0	1	0	0	0	0	1	0	1	1	0	1	0	1
	神农	0	0	0	0	0	0	0	0	0	1	0	0	0	0	1	0	1	1	0	1	0	1
	中天大地	1.4	0	4.1	0	0	0	0	0	0	1	0	0	0	0	1	0	1	1	1	1	0	0
ZY819	蓟州	0	0	0	0	0	0	0	0	0	1	0	0	0	0	1	0	1	1	1	1	0	0
	宝坻	0	2.6	6.8	0	0	0	0	0	0	1	0	0	1.4	0.5	1	0	1	1	1	1	0	0
	作物所	0	0	0.83	0	0	0	0	0	0	1	0	0	0	1.01	1	0	1	1	0	1	0	0
	科益农	0	0	0	0	0	0	0	0	0	1	0	0	0	0	1	0	1	1	1	1	0	2.8
	玉米场	0	0	0	0	0	0	0	0	0	1	0	0	0	0	1	0	1	1	0	1	0	1
	神农	0	0	0	0	0	0	0	0	0	1	0	0	0	0	1	0	1	1	0	1	0	1
	中天大地	6.7	1.3	0	0	0	0	0	0	0	1	0	0	0	0	1	0	1	1	1	1	0	0
津选玉211	蓟州	0	0	0	0	0	0	0	0	0	1	0	0	0	0	1	0	1	1	0	1	0	0
	宝坻	1.3	0	1.4	0	0	0	0	0	0	1	10.7	4.2	0	5.0	1	0	1	1	1	1	0	1
	作物所	0	0	0	0	0	0	0	0	0	1	0.8	0	0	1.03	1	0	1	1	0	1	0	0
	科益农	0	0	0	0	0	0	0	0	0	1	0	0	0	0	1	0	1	1	1	1	0	0
	玉米场	0	0	0	0	0	0	0	0	0	1	0	0	0	0	1	0	1	1	0	1	0	0
	神农	0	0	0	0	0	0	0	0	0	1	0	0	0	0	1	0	1	1	0	1	0	1
	中天大地	0	0	0	0	0	0	0	0	0	1	0.6	0.6	0.6	0.6	1	0	1	1	1	1	0	0

（续表）

品种名称	试点名称	空秆率（%）I	空秆率（%）II	空秆率（%）III	倒伏率（%）I	倒伏率（%）II	倒伏率（%）III	倒折率（%）I	倒折率（%）II	倒折率（%）III	大斑病（级）	茎腐病 I	茎腐病 II	茎腐病 III	茎腐病 平均	穗腐病（级）	丝黑穗病（%）	灰斑病（级）	弯孢叶斑病（级）	瘤黑粉病（%）	纹枯病（级）	粗缩病（%）	心叶期玉米螟（%）
浚单168	蓟州	0	0	0	0	0	0	0	0	0	1	0	0	0	0	1	0	1	1	1	1	0	0
	宝坻	2.6	0	1.4	0	0	0	0	0	0	1	0	3.9	0	1.3	1	0	1	1	1	1	0	0
	作物所	0.83	0.83	0	0	0	0	0	0	0	0	0.8	0	0	1.01		0	1	1	0	1	0	0
	科益农	0	0	0	0	0	0	0	0	0	1	0	0	0	0	1	0	1	1	1	1	0	1
	玉米场	0	0	0	0	0	0	0	0	0	1	0	0	0	0	1	0	1	1	0	1	0	1
	神农	0	0	0	0	0	0	0	0	0	1	0	0	0	0	1	0	1	1	0	1	0	0
	中天大地	1.4	4.1	2.7	0	0	0	0	0	0	1	0	0	0	0	1	0	1	1	1	1	0	0
津吥200	蓟州	0	0	0	0	0	0	41.7	16.7	37.5	1	0	0	0	0	1	0	1	1	1	1	0	0
	宝坻	0	1.3	5.2	0	0	0	60.3	16.9	3.9	1	50.7	9.1	9.1	23.0	3	0	1	1	1	1	0	1.6
	作物所	0	1.67	0	0	6.67	15	0	3.33	6.67	1	0	7.5	10	1		0	1	1	0	1	0	1
	科益农	0	0	0	0	0	0	0	0	0	1	6.0	4.5	6.3	5.6	1	0	1	1	0	1	0	1
	玉米场	0	0	0	0	0	0	0	0	0	0	1	0	0	0	1	0	1	1	0	1	0	0
	神农	0	0	0	0	0	0	0	0	0	0	1	0	0	0	1	0	1	1	0	1	0	0
	中天大地	0	5.9	0	0	0	0	0	0	0	1	3.0	2.5	2.5	2.7	1	0	1	1	1	1	0	0
津2001	蓟州	0	0	0	0	0	0	8.3	0	0	1	0	0	0	0	1	0	1	1	1	1	0	0
	宝坻	1.3	0	0	0	0	0	5.3	0	0	1	5.3	0	0	1.8	3	0	1	1	1	1	0	1.5
	作物所	0.83	0	0	0	0	0	0	0	0	3	0	0	0	1.02		0	1	1	0	1	0	0
	科益农	0	0	0	0	0	0	0	0	0	1	0	0	0	0	1	0	1	1	1	1	0	1.5
	玉米场	0	0	0	0	0	0	0	0	0	1	0	0	0	0	1	0	1	1	0	1	0	1
	神农	0	0	0	0	0	0	0	0	0	1	0	0	0	0	1	0	1	1	0	1	0	1
	中天大地	0	0	5.5	0	0	0	0	0	0	1	0	0	0	0	1	0	1	1	1	1	0	0

（续表）

品种名称	试点名称	空秆率（%）Ⅰ	Ⅱ	Ⅲ	倒伏率（%）Ⅰ	Ⅱ	Ⅲ	倒折率（%）Ⅰ	Ⅱ	Ⅲ	大斑病（级）	茎腐病（%）Ⅰ	Ⅱ	Ⅲ	平均	穗腐病（级）	丝黑穗病（%）	灰斑病（级）	弯孢叶斑病（级）	瘤黑粉病（%）	纹枯病（级）	粗缩病（%）	心叶期玉米螟（%）
新玉187	蓟州	0	0	0	0	0	0	16.7	30.0	10.0	1	0	0	0	0	1	0	1	1	1	1	0	0
	宝坻	1.5	4.3	4.0	0	0	0	0	0	0	1	0	0	0	0	1	0	1	1	1	1	0	0
	作物所	0	0	0	0	0	0	0	0	0	1	10.8	4.2	0	1.05	1	0	1	1	0.3	1	0	0
	科益农	0	0	0	0	0	0	0	0	0	3	0	0	0	0	1	0	1	1	1	1	0	1
	玉米场	0	0	0	0	0	0	0	0	0	1	0	0	0	0	1	0	1	1	0	1	0	1
	神农	0	0	0	0	0	0	0	0	0	1	0	0	0	0	1	0	1	1	0	1	0	1
	中天大地	0	0	1.5	0	0	0	0	0	0	1	0	0	0	0	1	0	1	1	0	1	0	0
同丰162	蓟州	0	0	0	0	0	0	0	0	0	1	0	0	0	0	1	0	1	1	1	1	0	0
	宝坻	0	1.4	1.3	0	0	0	0	0	0	1	0	1.4	0	0.5	3	0	1	1	1	1	0	0
	作物所	0	0	0	0	0	0	0	0	0	1	0	0	0	1.05		0	1	1	0	1	0	0.8
	科益农	0	0	0	0	0	0	0	0	0	1	0	0	0	0	1	0	1	1	0	1	0	1
	玉米场	0	0	0	0	0	0	0	0	0	1	0	0	0	0	1	0	1	1	0	1	0	1
	神农	0	0	0	0	0	0	0	0	0	1	0	0	0	0	1	0	1	1	0	1	0	1
	中天大地	0	0	0	0	0	0	0	0	0	1	0	0	0	0	1	0	1	1	0	1	0	0

附表 9-3　2022 年天津市玉米品种区域试验产量性状汇总（春玉米）

品种名称	试点名称	小区产量（千克）					亩产（千克）	位次	穗长（厘米）	穗粗（厘米）	穗行数	秃尖长（厘米）	单穗粒重（克）	百粒重（克）	穗型	轴色	粒型	粒色
		Ⅰ	Ⅱ	Ⅲ	合计	平均												
郑单958（CK）	蓟州	15.26	15.35	14.61	45.22	15.07	837.2	8	16.6	4.9	15.8	0.2	208.5	35.9	筒	白	半马齿	黄
	宝坻	11.41	12.54	11.79	35.74	11.91	661.9	9	17.1	4.9	15.0	0.2	134.47	34.3	筒	白	半马齿	黄
	作物所	14.28	14.41	12.95	41.64	13.88	771	9	16.4	4.77	14.6	0	192.8	34.9	筒	白	半马齿	黄
	科益农	12.79	13.30	13.14	39.23	13.08	726.5	10	19.3	5.0	14.8	0	191.60	35.1	筒	白	半马齿	黄
	玉米场	15.22	15.49	15.3	46	15.33	851.94	9	17.8	5	16	0.3	219.3	34.6	筒	白	半马齿	黄
	神农	13.22	13.24	12.98	39.44	13.14	730	7	18.5	4.5	14.6	0	219	34.8	筒	白	半马齿	黄
	平均	13.70	14.06	13.46	41.21	13.74	763.09	8.67	17.62	4.85	15.13	0.12	194.28	34.93				
NF2565	蓟州	14.15	15.13	14.78	44.06	14.69	816.1	10	15.9	5.0	18.4	0.5	204.4	33.8	筒	红	半马齿	黄
	宝坻	11.11	11.97	11.13	34.21	11.40	633.6	11	15.5	4.9	18.0	0.4	129.03	32.2	锥	紫	半马齿	黄
	作物所	12.08	13.34	13.76	39.19	13.06	725.7	11	17.3	5.03	19.4	0	181.4	36.1	筒	红	半硬	橙黄
	科益农	11.39	12.73	12.65	36.77	12.26	680.9	11	16.8	5.2	18.8	0	183.20	38.3	筒	红	半马齿	黄
	玉米场	14.73	14.85	14.88	44.47	14.82	823.56	10	17.2	4.9	18.4	0.3	212	35.7	筒	粉	半马齿	黄
	神农	12.52	13.32	13.96	39.8	13.27	737.23	5	18.8	4.9	22	0	235	33	筒	红	半马齿	橙
	平均	12.7	13.6	13.5	39.8	13.3	736.2	9.7	16.9	5.0	19.2	0.2	190.8	34.9				
P212	蓟州	15.79	15.77	15.28	46.84	15.61	867.2	7	17.6	4.6	16.6	0.7	202.3	34.5	筒	红	半马齿	黄
	宝坻	12.06	12.51	11.71	36.28	12.09	671.9	8	17.6	4.7	17.8	0.4	154.79	30.6	筒	红	半马齿	黄
	作物所	13.27	14.16	14.01	41.44	13.81	767.4	10	18.7	4.5	15.5	1	191.8	32.6	筒	红	半马齿	黄
	科益农	12.70	13.52	13.34	39.56	13.19	732.6	8	17.9	4.8	18.0	0.8	195.80	33.7	筒	紫	半马齿	黄
	玉米场	14.07	14.59	14.39	43.04	14.35	797.13	11	18.5	4.7	17	1.2	215.1	33.6	筒	粉	半马齿	黄
	神农	11.74	12.2	12.58	36.52	12.17	676.11	11	20.2	4.5	20.2	1	213	31.4	筒	紫	马齿	橙
	平均	13.3	13.8	13.6	40.6	13.5	752.1	9.2	18.4	4.6	17.5	0.9	195.5	32.7				

（续表）

品种名称	试点名称	小区产量（千克）					亩产（千克）	位次	穗长（厘米）	穗粗（厘米）	穗行数	秃尖长（厘米）	单穗粒重（克）	百粒重（克）	穗型	轴色	粒型	粒色
		I	II	III	合计	平均												
同丰192	蓟州	16.01	16.31	16.70	49.02	16.34	907.8	5	18.3	4.7	16.2	0.3	200.8	34.0	筒	红	半马齿	黄
	宝坻	12.04	12.28	12.49	36.81	12.27	681.8	6	19.3	4.7	16.4	1.1	147.38	38.6	筒	紫	马齿	黄
	作物所	13.72	15.26	13.19	42.17	14.06	780.9	8	19.7	4.81	16.6	0.5	195.2	38.8	筒	红	半马齿	黄
	科益农	12.79	13.34	13.46	39.59	13.20	733.2	7	19.7	4.9	17.2	0.7	185.30	37.9	筒	红	半马齿	黄
	玉米场	15.1	15.37	15.75	46.22	15.41	855.92	8	19.4	4.6	15.8	1	219.7	38.8	筒	粉	半马齿	黄
	神农	14.2	13.65	13.05	40.9	13.63	757.23	2	19.4	4.4	16.2	0.2	235	38	筒	红	半马齿	黄
	平均	14.0	14.4	14.1	42.5	14.2	786.1	6.0	19.3	4.7	16.4	0.6	197.2	37.7				
ZY819	蓟州	16.60	17.62	17.33	51.55	17.18	954.4	2	17.9	4.7	15.6	0.9	220.5	36.7	筒	红	半马齿	黄
	宝坻	12.26	12.16	12.13	36.55	12.18	676.8	7	18.8	4.6	15.6	1.6	138.42	31.4	筒	红	硬粒	黄
	作物所	14.98	14.58	14.88	44.44	14.81	823	2	20.3	4.77	16	0.8	205.8	35.4	筒	粉	半硬	橙黄
	科益农	13.91	13.40	14.40	41.71	13.90	772.4	5	21.2	4.9	16.0	1.4	201.40	38.6	筒	红	半马齿	橙黄
	玉米场	16.47	16.22	16.16	48.85	16.28	904.56	3	20.4	4.9	16.2	1.1	227.3	36.7	筒	粉	半马齿	黄
	神农	12.34	11.98	12.67	36.99	12.33	685	9	19.1	4.7	18	0.3	222	35.6	筒	红	半马齿	黄
	平均	14.4	14.3	14.6	43.3	14.4	802.7	4.7	19.6	4.8	16.2	1.0	202.6	35.7				
津选玉211	蓟州	15.42	15.97	16.53	47.92	15.97	887.2	6	17.1	4.7	18.0	0.1	200.1	34.7	筒	白	半马齿	黄
	宝坻	12.69	12.61	12.51	37.80	12.60	700.1	3	19.7	4.5	18.0	0.7	169.51	28.5	筒	白	半马齿	黄
	作物所	14.71	14.49	14.25	43.44	14.48	804.5	4	20.5	4.53	18.8	0	201.1	32.6	筒	白	半马齿	黄
	科益农	14.42	13.78	13.93	42.13	14.04	780.2	3	19.9	4.9	17.2	0	202.50	33.2	筒	白	半马齿	黄
	玉米场	15.4	15.56	15.65	46.61	15.54	863.18	7	20.4	4.7	19.8	1.3	235.2	33	筒	白	半马齿	黄
	神农	12.44	13.5	13.79	39.73	13.24	735.56	6	19.5	4.4	20.2	0	231	31.6	筒	白	马齿	黄
	平均	14.2	14.3	14.4	42.9	14.3	795.1	4.8	19.5	4.6	18.7	0.4	206.6	32.3				

（续表）

品种名称	试点名称	小区产量（千克）					亩产（千克）	位次	穗长（厘米）	穗粗（厘米）	穗行数	秃尖长（厘米）	单穗粒重（克）	百粒重（克）	穗型	轴色	粒型	粒色
		I	II	III	合计	平均												
凌单168	蓟州	16.52	16.09	17.20	49.81	16.60	922.2	4	16.9	4.6	16.4	0.4	205.0	35.5	筒	红	半马齿	橙黄
	宝坻	13.61	12.91	14.21	40.72	13.57	754.2	1	18.1	4.7	17.2	0.7	140.76	31.2	筒	紫	半马齿	黄
	作物所	15.35	15.1	14.94	45.39	15.13	840.7	1	20.8	4.69	16	0	210.2	32.2	筒	红	半马齿	黄
	科益农	13.85	14.64	13.91	42.40	14.13	785.2	2	19.1	5.0	15.6	0.2	210.90	37.6	筒	红	半马齿	黄
	玉米场	16.48	16.92	16.24	49.65	16.55	919.38	1	20.6	4.8	17.8	0.5	246.5	33.9	筒	粉	半马齿	黄
	神农	15.53	14.81	13.99	44.33	14.78	821.12	1	21.9	4.8	18.2	0.8	241	33.9	筒	红	马齿	橙
	平均	15.2	15.1	15.1	45.4	15.1	840.5	1.7	19.6	4.8	16.9	0.4	209.1	34.1				
津贮200	蓟州	14.78	15.09	14.11	43.98	14.66	814.4	11	14.7	5.3	17.2	0.8	193.1	30.8	筒	白	半马齿	黄
	宝坻	10.84	12.06	12.19	35.09	11.70	649.8	10	15.0	5.2	18.0	0.4	118.17	31.1	筒	白	半马齿	黄
	作物所	14.66	15.24	12.78	42.67	14.22	790.2	5	17.3	5.35	18	0.8	197.6	36	筒	白	半马齿	黄
	科益农	12.37	13.48	13.45	39.30	13.10	727.8	9	17.7	5.2	16.0	1.3	197.50	36.9	锥	白	半马齿	黄
	玉米场	15.45	15.94	16.12	47.51	15.84	879.78	6	17	5.6	18.8	0.7	219	32.9	筒	白	半马齿	黄
	神农	14.26	13.4	13.14	40.8	13.6	755.6	3	17.6	5.2	16.4	2.2	239	32.2	筒	白	马齿	黄
	平均	13.7	14.2	13.6	41.6	13.9	769.6	7.3	16.6	5.3	17.4	1.0	194.1	33.3				
津2001	蓟州	18.12	18.78	18.36	55.26	18.42	1023.3	1	18.1	5.0	17.2	0.9	227.0	33.9	筒	红	半马齿	橙黄
	宝坻	12.54	13.10	12.93	38.57	12.86	714.4	2	18.8	4.8	17.8	1.2	158.51	30.7	锥	紫	半马齿	黄
	作物所	13.66	14.29	14.62	42.57	14.19	788.3	7	19.5	4.79	17.5	0.2	197.1	32	筒	红	半马齿	黄
	科益农	12.65	13.89	13.91	40.45	13.48	749.1	6	19.3	4.9	16.8	0.7	195.30	33.4	筒	红	半马齿	黄
	玉米场	16.17	16.41	16.18	48.76	16.25	902.98	4	20	4.9	17	0.7	234.9	33.1	筒	粉	半马齿	黄
	神农	12.97	12.54	12.32	37.83	12.61	700.56	8	20	4.3	16.6	1.1	227	33.5	筒	紫	马齿	橙
	平均	14.4	14.8	14.7	43.9	14.6	813.1	4.7	19.3	4.8	17.2	0.8	206.6	32.8				

（续表）

品种名称	试点名称	小区产量（千克）					亩产（千克）	位次	穗长（厘米）	穗粗（厘米）	穗行数	秃尖长（厘米）	单穗粒重（克）	百粒重（克）	穗型	轴色	粒型	粒色
		I	II	III	合计	平均												
新玉187	蓟州	14.58	14.78	15.43	44.79	14.93	829.4	9	17.2	4.9	14.4	0.4	205.8	39.3	筒	白	半马齿	黄
	宝坻	11.91	11.90	13.09	36.90	12.30	683.4	5	18.1	5.1	15.8	0.3	168.91	35.8	筒	白	马齿	黄
	作物所	14.1	14.94	14.65	43.69	14.56	809	3	20	5.05	14.6	0	202.2	37.8	筒	白	半马齿	黄
	科益农	14.10	13.89	14.56	42.55	14.18	788.0	1	19.7	5.1	15.2	0.2	208.40	39.9	筒	白	半马齿	黄
	玉米场	16.24	15.73	15.99	47.96	15.99	888.24	5	18.8	4.9	15.1	0.9	216	38.7	筒	白	半马齿	黄
	神农	12.81	12.22	11.75	36.78	12.26	681.11	10	19.6	4.6	14.8	0	217	36.5	筒	白	马齿	黄
	平均	14.0	13.9	14.2	42.1	14.0	779.9	5.5	18.9	4.9	15.0	0.3	203.1	38.0	筒			
同丰162	蓟州	17.11	16.26	16.62	49.99	16.66	925.6	3	18.3	4.9	17.4	1.5	227.2	36.6	筒	红	半马齿	黄
	宝坻	12.77	12.50	12.46	37.72	12.57	698.6	4	17.4	4.7	18.2	0.8	133.27	31.9	筒	紫	半马齿	黄
	作物所	14.09	14.97	13.57	42.63	14.21	789.4	6	19.8	4.77	17	0.8	197.4	35.4	筒	红	半马齿	黄
	科益农	13.44	14.76	13.78	41.98	13.99	777.4	4	20.4	5.0	18.4	0.4	198.60	34.0	筒	红	半马齿	黄
	玉米场	16.19	16.03	16.86	49.08	16.36	908.91	2	20.8	4.7	18.4	1.4	233.5	32.5	筒	粉	半马齿	黄
	神农	12.28	13.84	14.03	40.15	13.38	743.34	4	20	4.7	18	0.8	235	32.6	筒	红	马齿	橙
	平均	14.3	14.7	14.6	43.6	14.5	807.2	3.8	19.5	4.8	17.9	1.0	204.2	33.8				

附表9-4 2022年天津市玉米品种区域试验参试品种田间性状汇总（夏玉米）

品种名称	试点名称	出苗期(月/日)	抽雄期(月/日)	吐丝期(月/日)	成熟期(月/日)	生育期(天)	收获时籽粒含水量(%)	花丝色	花药色	整齐度	株高(厘米)	穗位高(厘米)	株型	出苗率(%)
京单58(CK)	蓟州	6/25	8/07	8/09	10/16	113	31.2	粉	浅紫	较整齐	262	113	半紧凑	97
	宝坻	6/29	8/16	8/18	10/20	113	29.83	粉	浅紫	整齐	238	101	紧凑	100
	作物所	6/27	8/12	8/16	10/14	109	38.7	浅紫	浅紫	整齐	255	102	紧凑	100
	科益农	6/26	8/9	8/13	10/9	106	31.6	粉	浅紫	整齐	231	90	半紧凑	98.5
	玉米场	6/25	8/14	8/15	10/14	111	33.03	浅紫	浅紫	整齐	221	77.5	紧凑	100
	神农	6/22	8/10	8/11	10/15	116	25.6	浅紫	绿	整齐	236	84	半紧凑	100
	中天大地	6/26	8/15	8/16	10/13	109	32.6	紫红	黄	整齐	221	106	半紧凑	100
	平均					111.6	31.8				237.7	96.2		99.5
天塔518	蓟州	6/25	8/10	8/12	10/14	111	35.7	粉	浅紫	整齐	279.0	147.0	半紧凑	97
	宝坻	6/29	8/19	8/21	10/21	114	31.6	橙黄	浅紫	整齐	248.0	129.0	紧凑	100
	作物所	6/27	8/13	8/17	10/13	108	35.2	浅紫	紫	整齐	260.0	136.0	半紧凑	100
	科益农	6/26	8/15	8/12	10/9	106	31.8	粉	绿	整齐	232.0	110.0	半紧凑	99.3
	玉米场	6/25	8/18	8/18	10/12	109	24.7	绿	浅紫	整齐	233.0	100.5	紧凑	100
	神农	6/23	8/13	8/14	10/19	119	29.4	绿	紫	整齐	224.0	88.0	紧凑	100
	中天大地	6/26	8/17	8/18	10/16	112	35.0	浅绿	黄	整齐	213.0	79.0	紧凑	100
	平均					112.4	31.9				241.3	112.8		99.5
鲁研106	蓟州	6/25	8/07	8/08	10/10	107	33.2	粉	浅紫	较整齐	291.0	121.0	半紧凑	97.8
	宝坻	6/29	8/16	8/18	10/21	114	25.63	橙黄	浅紫	整齐	255.0	124.0	紧凑	100
	作物所	6/27	8/12	8/15	10/12	107	35.3	浅紫	紫	整齐	272.0	111.0	半紧凑	100
	科益农	6/27	8/10	8/12	10/10	106	27.3	紫红	浅紫	整齐	252.0	98.0	半紧凑	98.5
	玉米场	6/25	8/15	8/17	10/14	111	22.13	浅紫	浅紫	整齐	222.0	99.0	紧凑	100
	神农	6/22	8/12	8/13	10/19	120	31.9	浅紫	浅紫	整齐	249.0	104.0	半紧凑	100
	中天大地	6/26	8/16	8/17	10/16	112	31.5	紫红	紫	整齐	251.0	86.0	紧凑	100
	平均					112.8	29.6				256.0	106.1		99.6

（续表）

品种名称	试点名称	出苗期（月/日）	抽雄期（月/日）	吐丝期（月/日）	成熟期（月/日）	生育期（天）	收获时籽粒含水量（%）	花丝色	花药色	整齐度	株高（厘米）	穗位高（厘米）	株型	出苗率（%）
兴茂玉221	蓟州	6/25	8/08	8/09	10/10	107	31.1	粉	浅紫	整齐	334.0	129.0	半紧凑	94.8
	宝坻	6/29	8/16	8/18	10/20	113	26.37	紫红	绿	整齐	302.0	132.0	半紧凑	100
	作物所	6/27	8/14	8/17	10/13	108	32.4	浅紫	浅紫	整齐	293.0	116.0	半紧凑	100
	科益农	6/27	8/11	8/13	10/10	106	29.2	紫红	浅紫	整齐	278.0	100.0	半紧凑	97.8
	玉米场	6/25	8/13	8/15	10/15	112	22.97	紫	绿	整齐	272.5	99.5	紧凑	100
	神农	6/22	8/10	8/12	10/13	114	26.2	浅紫	浅紫	整齐	258.0	81.0	半紧凑	100
	中天大地	6/26	8/16	8/17	10/13	109	30.1	紫红	黄	整齐	208	66	紧凑	100
	平均					111.2	28.3				277.9	103.4		99.1
科华666	蓟州	6/25	8/08	8/10	10/09	106	32.2	粉	浅紫	整齐	248	100	半紧凑	97.8
	宝坻	6/29	8/16	8/19	10/21	114	27.47	橙黄	浅紫	整齐	253	107	紧凑	100
	作物所	6/27	8/14	8/18	10/13	108	36.3	浅紫	紫	整齐	241	95	半紧凑	100
	科益农	6/26	8/12	8/13	10/11	108	31.2	粉	浅紫	整齐	228	88	半紧凑	98.5
	玉米场	6/25	8/15	8/18	10/15	112	24.33	浅紫	绿	整齐	227	78	紧凑	100
	神农	6/21	8/12	8/13	10/19	121	30.6	浅紫	浅紫	整齐	221	73	半紧凑	100
	中天大地	6/26	8/14	8/16	10/14	110	37.5	浅绿	紫	整齐	215	75	紧凑	99.6
	平均					113.0	31.4				233.3	88.0		
冀玉803	蓟州	6/25	8/08	8/13	10/16	113	36.8	粉	浅紫	整齐	280	120	半紧凑	97
	宝坻	6/29	8/17	8/20	10/21	114	30.4	紫红	浅紫	整齐	280	120	紧凑	100
	作物所	6/27	8/14	8/18	10/15	110	34.5	浅紫	浅紫	整齐	266	115	半紧凑	100
	科益农	6/26	8/9	8/14	10/14	111	31.5	粉	浅紫	整齐	259	113	半紧凑	98.5
	玉米场	6/25	8/16	8/19	10/17	114	26.8	紫	浅紫	整齐	243.5	99.5	半紧凑	100
	神农	6/22	8/12	8/13	10/18	119	35.3	浅紫	浅绿	整齐	242	103	半紧凑	100
	中天大地	6/26	8/16	8/18	10/16	112	40.0	浅绿	黄	整齐	215	75	紧凑	100
	平均					113.8	33.6				255.1	106.5		99.5

（续表）

品种名称	试点名称	出苗期（月/日）	抽雄期（月/日）	吐丝期（月/日）	成熟期（月/日）	生育期（天）	收获时籽粒含水量（%）	花丝色	花药色	整齐度	株高（厘米）	穗位高（厘米）	株型	出苗率（%）
棒博士58	蓟州	6/25	8/06	8/07	10/10	107	32.9	粉	浅紫	较整齐	249	89	半紧凑	97
	宝坻	6/29	8/15	8/16	10/21	114	26.57	深紫	浅紫	整齐	251	98	紧凑	100
	作物所	6/27	8/12	8/14	10/15	110	33.3	紫	浅紫	整齐	239	91	半紧凑	100
	科益农	6/27	8/7	8/10	10/10	106	29.6	紫红	浅紫	整齐	220	88	半紧凑	97.8
	玉米场	6/25	8/13	8/15	10/14	111	23.77	紫	紫	整齐	213.5	68	紧凑	100
	神农	6/23	8/11	8/12	10/16	116	30.5	紫	浅紫	整齐	215	71	紧凑	100
	中天大地	6/26	8/17	8/18	10/15	111	30.2	紫红	黄	整齐	215	75	紧凑	100
	平均					112.4	29.5				228.9	82.9		99.5
固玉6号	蓟州	6/25	8/05	8/06	10/09	106	29.8	粉	浅紫	整齐	276	107	半紧凑	97.8
	宝坻	6/29	8/15	8/16	10/11	104	24.3	橙黄	黄	整齐	254	109	紧凑	100
	作物所	6/27	8/11	8/14	10/12	107	34.1	绿	浅紫	整齐	255	112	半紧凑	100
	科益农	6/27	8/9	8/11	10/9	105	30.2	粉	浅紫	整齐	231	87	半紧凑	98.5
	玉米场	6/25	8/14	8/15	10/14	111	23.17	浅紫	绿	整齐	218.5	67.5	紧凑	100
	神农	6/22	8/10	8/12	10/13	114	29.8	绿	浅紫	整齐	224	88	半紧凑	100
	中天大地	6/26	8/16	8/18	10/16	112	32.0	浅绿	黄	整齐	195	70	半紧凑	100
	平均					109.6	29.1				236.2	91.5		99.6
吉艾玉168	蓟州	6/25	8/07	8/08	10/08	105	29.4	粉	浅紫	整齐	259	103	半紧凑	95.6
	宝坻	6/29	8/17	8/18	10/21	114	24.93	橙黄	浅紫	整齐	255	101	紧凑	100
	作物所	6/27	8/12	8/16	10/13	108	35.1	绿	紫	整齐	237	89	半紧凑	100
	科益农	6/27	8/9	8/13	10/9	105	30.3	粉	浅紫	整齐	222	90	半紧凑	100.0
	玉米场	6/25	8/15	8/15	10/12	109	21.27	紫	紫	整齐	224	78.5	紧凑	100
	神农	6/23	8/10	8/11	10/14	114	27.8	浅紫	紫	整齐	218	83	半紧凑	100
	中天大地	6/26	8/16	8/18	10/11	107	31.3	紫红	黄	整齐	219	85	半紧凑	100
	平均					110.4	28.6				233.4	89.9		99.3

（续表）

品种名称	试点名称	出苗期(月/日)	抽雄期(月/日)	吐丝期(月/日)	成熟期(月/日)	生育期(天)	收获时籽粒含水量(%)	花丝色	花药色	整齐度	株高(厘米)	穗位高(厘米)	株型	出苗率(%)
A166	蓟州	6/25	8/05	8/09	10/10	107	31.6	粉	浅紫	不整齐	280	113	半紧凑	96.3
	宝坻	6/29	8/15	8/16	10/21	114	29.23	粉	浅紫	整齐	284	118	紧凑	100
	作物所	6/27	8/12	8/16	10/13	108	36.3	紫	紫	整齐	262	113	半紧凑	100
	科益农	6/27	8/9	8/12	10/9	105	28.7	粉	浅紫	整齐	241	80	半紧凑	99.3
	玉米场	6/25	8/15	8/19	10/12	109	24.67	浅紫	浅紫	整齐	241.5	88	紧凑	100
	神农	6/22	8/8	8/9	10/9	110	26.8	浅紫	浅紫	整齐	245	92	平展	100
	中天大地	6/26	8/15	8/17	10/12	108	32.1	紫红	紫	整齐	224	88	半紧凑	100
	平均					109.8	29.9				253.9	98.9		99.4
先玉2163	蓟州	6/25	8/07	8/08	10/09	106	26.4	浅绿	绿	整齐	274	100	半紧凑	98.5
	宝坻	6/29	8/15	8/17	10/14	107	22.07	橙黄	黄	整齐	286	105	半紧凑	100
	作物所	6/27	8/12	8/15	10/12	107	35.4	绿	绿	整齐	265	91	半紧凑	100
	科益农	6/26	8/9	8/11	10/8	105	29.2	粉	黄	整齐	256	84	半紧凑	100.0
	玉米场	6/25	8/15	8/16	10/11	108	23.27	浅紫	浅紫	整齐	252.5	78.5	紧凑	100
	神农	6/22	8/9	8/10	10/4	105	24	绿	绿	整齐	261	89	平展	100
	中天大地	6/26	8/14	8/15	10/13	109	30.6	紫红	黄	整齐	241	78	半紧凑	100
	平均					107.2	27.3				262.2	89.4		99.8
永协518	蓟州	6/25	8/06	8/09	10/08	105	29.7	粉	浅紫	不整齐	290	103	半紧凑	94.1
	宝坻	6/29	8/16	8/17	10/19	112	25.4	紫红	浅紫	整齐	275	108	半紧凑	100
	作物所	6/27	8/14	8/18	10/12	107	37.4	紫	紫	整齐	258	94	半紧凑	100
	科益农	6/26	8/8	8/11	10/8	105	28.3	紫红	浅紫	整齐	243	103	半紧凑	100.0
	玉米场	6/25	8/13	8/15	10/11	108	22.67	绿	浅紫	整齐	252	98	紧凑	100
	神农	6/23	8/9	8/11	10/13	113	27.9	浅紫	绿	整齐	260	85	平展	100
	中天大地	6/26	8/10	8/11	10/13	109	33.8	紫红	黄	整齐	241	79	半紧凑	100
	平均					109.8	29.3				259.9	95.7		99.0

（续表）

品种名称	试点名称	出苗期（月/日）	抽雄期（月/日）	吐丝期（月/日）	成熟期（月/日）	生育期（天）	收获时籽粒含水量（%）	花丝色	花药色	整齐度	株高（厘米）	穗位高（厘米）	株型	出苗率（%）
尧元 1126	蓟州	6/25	8/07	8/10	10/13	110	30.6	深紫	紫	不整齐	291	113	半紧凑	97
	宝坻	6/29	8/16	8/17	10/20	113	28.23	深紫	紫	整齐	282	112	半紧凑	100
	作物所	6/27	8/12	8/15	10/12	107	35.5	绿	浅紫	整齐	244	96	半紧凑	100
	科益农	6/27	8/12	8/13	10/9	105	30.5	深紫	紫	整齐	258	101	半紧凑	100.0
	玉米场	6/25	8/15	8/20	10/13	110	23.83	浅紫	浅紫	整齐	254.5	93	紧凑	100
	神农	6/22	8/10	8/12	10/8	109	33.9	紫	紫	整齐	266	104	平展	100
	中天大地	6/26	8/14	8/16	10/13	109	29.5	紫红	紫	整齐	262	101	半紧凑	100
	平均					109.6	30.3				265.4	102.9		99.5
沽玉 901	蓟州	6/25	8/06	8/07	10/08	105	30.7	粉	浅紫	较整齐	256	110	半紧凑	98.5
	宝坻	6/29	8/15	8/16	10/20	113	24.03	粉	橙	整齐	261	108	半紧凑	100
	作物所	6/27	8/11	8/14	10/13	108	36.5	浅紫	浅紫	整齐	278	116	半紧凑	100
	科益农	6/26	8/9	8/11	10/9	106	29.8	紫红	紫	整齐	234	96	半紧凑	98.5
	玉米场	6/25	8/12	8/15	10/14	111	23.43	浅紫	紫	整齐	208	76.5	紧凑	100
	神农	6/23	8/8	8/10	10/15	115	30.9	浅紫	绿	整齐	245	88	平展	100
	中天大地	6/26	8/10	8/11	10/14	110	32.2	紫红	紫	整齐	220	86	半紧凑	100
	平均					111.4	29.7				243.1	97.2		99.8

附表9-5　2022年天津市玉米品种区域试验参试品种田间抗性汇总（夏玉米）

品种名称	试点名称	空秆率（%）			倒伏率（%）			倒折率（%）			小斑病（级）	茎腐病（%）			穗腐病（级）	丝黑穗病（%）	南方锈病（级）	弯孢叶斑病（级）	瘤黑粉病（%）	纹枯病（级）	粗缩病（%）	褐斑病
		I	II	III	I	II	III	I	II	III		I	II	III								
京单58（CK）	蓟州	0	0	0	0	0	0	0	0	0	0	1	0	0	1	0	1	3	1	1	0	1
	宝坻	2.4	0	2.7	0	0	0	0	0	0	3	0	0	0	1	0	1	1	1.0	1	0	1.0
	作物所	0.74	0	0.74	2.96	0	0	0	0	0	1	0	0	0	1.2	0	1	7	0	1	0.5	1
	科益农	0	0	0	0	0	0	14.2	10.9	15.0	1	0	0	0	1	0	1	1	0	1	0	1
	玉米场	0	0	0	0	0	0	0	0	0	1	0	0	0	1	0	1	1	0	1	0	1
	神农	0	0	0	0	0	0	0	0	0	1	0	0	0	1	0	1	1	0	1	0	1
	中天大地	0	1.2	3.8	0	0	0	0	0	0	1	0	0	0	1	0	1	1	1	1	0	1
天塔518	蓟州	0	0	0	0	0	0	0	0	0	1	0	0	0	1	0	1	1	1	1	0	1
	宝坻	0	1.2	0	0	0	0	0	0	0	1	0	0	0	1	0	1	1	1.0	1	0	1.0
	作物所	0	0	0	0	0	0	0	11.11	8.89	1	0	0	0	1.1	0	1	1	0	1	0	1
	科益农	0	0	0	0	0	0	13.9	0	7.8	1	0	0	0	1	0	1	1	0	1	0	1
	玉米场	0	0	0	0	0	0	90	60	90	1	0	0	0	1	0	1	1	0	1	0	1
	神农	0	0	0	0	0	0	0	0	0	1	0	0	0	1	0	1	1	0	1	0	1
	中天大地	0	0	0	0	0	0	0	0	0	1	0	0	0	1	0	1	1	0	1	0	1
鲁研106	蓟州	0	0	1.3	0	0	0	0	0	0	1	0	0	0	1	0	1	1	1	1	0	1
	宝坻	0	0	0	0	0	0	0	0	0	1	0	0	0	1	0	1	1	1.0	1	0	1.0
	作物所	0	0	0	0	0	0	0	0	0	1	0	0	0	1.5	0	1	1	0	1	0	1
	科益农	0	0	0	0	0	0	0	0	0	1	0	0	0	1	0	1	1	0	1	0	1
	玉米场	0	0	0	0	0	0	0	0	0	0	1	0	0	1	0	1	1	0	1	0	1
	神农	0	0	0	0	0	0	0	0	0	0	1	0	0	1	0	1	1	0	1	0	1
	中天大地	0	0	1.2	0	0	0	0	0	0	0	0	0	0	1	0	1	1	1	1	0	1

（续表）

品种名称	试点名称	空秆率（%）			倒伏率（%）			倒折率（%）			小斑病（级）	茎腐病（%）			穗腐病（级）	丝黑穗病（%）	南方锈病（级）	弯孢叶斑病（级）	瘤黑粉病（%）	纹枯病（级）	粗缩病（%）	褐斑病
		I	II	III	I	II	III	I	II	III		I	II	III								
兴茂玉221	蓟州	0	0	0	0	0	0	0	0	0	1	0	0	0	1	0	1	1	1	1	0	1
	宝坻	0	0	0	0	0	0	0	0	0	1	0	0	0	1	0	1	1	1.0	1	0	1.0
	作物所	0	0	0	0	0	0	0	0	0	0	1	0	0	1	0	1	1	0	1	0.2	1
	科益农	0	0	0	0	0	0	0	0	0	1	0	0	0	1	0	1	1	0	1	0	1
	玉米场	0	0	0	0	0	0	0	0	0	1	0	0	0	1	0	1	1	0	1	0	1
	神农	0	0	0	0	0	0	0	0	0	1	0	0	0	1	0	1	1	0	1	0	1
	中天大地	1.5	2.9	0	0	0	0	0	0	0	1	0	0	0	1	0	1	1	1	1	0	1
科华666	蓟州	0	0	0	0	0	0	0	0	0	1	0	0	0	1	0	1	1	1	1	0	1
	宝坻	0	7.4	4.9	0	0	0	0	0	0	1	0	0	0	1	0	1	1	1.0	1	0	1.0
	作物所	0	0	0	0	0	0	0	0	0	1	0	0	0	1.4	0	1	1	0	1	0	1
	科益农	0	0	0	0	0	0	0	0	0	1	0	0	0	1	0	1	1	0	1	0	1
	玉米场	0	0	0	0	0	0	0	0	0	1	0	0	0	1	0	1	1	0	1	0	1
	神农	0	0	0	0	0	0	0	0	0	1	0	0	0	1	0	1	1	0	1	0	1
	中天大地	0	2.9	0	0	0	0	0	0	0	1	0	0	0	1	0	1	1	1	1	0	1
冀玉803	蓟州	7.2	2.6	3.7	0	0	0	0	0	0	1	0	0	0	1	0	1	1	1	1	0	3
	宝坻	0	0	0	5.19	2.96	0	0	2.96	0	1	0	0	0	1	0	1	1	1.0	1	0	1.0
	作物所	0.74	0	0	0	0	0	0	0	0	1	0	0	0	1.3	0	1	1	0	1	0	1
	科益农	0	0	0	0	0	0	0	0	0	1	0	0	0	1	0	1	1	0	1	0	1
	玉米场	0	0	0	0	0	0	0	0	0	1	0	0	0	1	0	1	1	0	1	0	1
	神农	0	0	0	0	0	0	0	0	0	1	0	0	0	1	0	1	1	0	1	0	1
	中天大地	0	0	2.5	0	0	0	0	0	0	1	0	0	0	1	0	1	1	1	1	0	1

（续表）

品种名称	试点名称	空秆率（%） I	空秆率（%） II	空秆率（%） III	倒伏率（%） I	倒伏率（%） II	倒伏率（%） III	倒折率（%） I	倒折率（%） II	倒折率（%） III	小斑病（级）	茎腐病 I	茎腐病 II	茎腐病 III	穗腐病（级）	丝黑穗病（%）	南方锈病（级）	弯孢叶斑病（级）	瘤黑粉病（%）	纹枯病（级）	粗缩病（%）	褐斑病
棒博士58	蓟州	2.5	0	0	0	0	0	0	0	0	1	0	0	0	1	0	1	1	1	1	0	3
	宝坻	0	1.3	0	0	0	0	0	0	0	1	0	0	0	1	0	1	1	1.0	1	0	1.0
	作物所	0	0	0	8.89	0	0	0	0	0	1	0	0	0	1.1	0	1	1	0	1	0	1
	科益农	0	0	0	0	0	0	0	0	0	1	0	0	0	1	0	1	1	0	1	0	1
	玉米场	0	0	0	0	0	0	0	0	0	1	0	0	0	1	0	1	1	0	1	0	1
	神农	0	0	0	0	0	0	0	0	0	1	0	0	0	1	0	1	1	1	1	0	1
	中天大地	0	0	2.6	0	0	0	0	0	0	1	0	0	0	1	0	1	1	1	1	0	1
固玉6号	蓟州	0	0	0	0	0	0	0	0	0	1	0	0	0	1	0	1	1	1	1	0	1
	宝坻	0	0	0	0	0	0	0	0	0	3	0	0	0	1	0	1	1	1.0	1	0	1.0
	作物所	0	0	0	17.04	20	8.89	0	3.7	0	1	0	0	0	1.9	0	1	5	0.7	1	0	1
	科益农	0	0	0	0	0	0	0	0	0	1	0	0	0	1	0	1	1	0	1	0	1
	玉米场	0	0	0	0	0	0	0	0	0	1	0	0	0	1	0	1	1	0	1	0	1
	神农	0	0	0	0	0	0	0	0	0	1	0	0	0	1	0	1	1	0	1	0	1
	中天大地	0	0	0	0	0	0	0	0	0	1	0	0	0	1	0	1	1	1	1	0	1
吉艾玉168	蓟州	0	0	0	0	0	0	0	0	0	1	0	0	0	1	0	1	1	1	1	0	3
	宝坻	3.7	0.74	0	0	0	0	0	0	0	1	0	0	0	1	0	1	1	1.0	1	0	1.0
	作物所	0.74	0	0	11.11	0	0	0	0.74	0	1	0	0	0	1.3	0	1	1	0.7	1	0.2	1
	科益农	0	0	0	0	0	0	0	0	0	1	0	0	0	1	0	1	1	0	1	0	1
	玉米场	0	0	0	0	0	0	0	0	0	1	0	0	0	1	0	1	1	0	1	0	1
	神农	0	0	0	0	0	0	0	0	0	0	1	0	0	1	0	1	1	0	1	0	1
	中天大地	0	2.7	0	0	0	0	0	0	0	1	0	0	0	1	0	1	1	1	1	0	1

（续表）

品种名称	试点名称	空秆率(%) I	空秆率(%) II	空秆率(%) III	倒伏率(%) I	倒伏率(%) II	倒伏率(%) III	倒折率(%) I	倒折率(%) II	倒折率(%) III	小斑病(级)	茎腐病(%) I	茎腐病(%) II	茎腐病(%) III	穗腐病(级)	丝黑穗病(%)	南方锈病(级)	弯孢叶斑病(级)	瘤黑粉病(%)	纹枯病(级)	粗缩病(%)	褐斑病
A166	蓟州	27.2	14.8	30.9	50.0	30.0	50.0	0	0	0	1	0	0	0	1	0	1	1	1	1	0	1
	宝坻	1.2	2.6	2.3	0	0	0	0	0	0	1	0	0	0	1	0	1	1	1.0	1	0	1.0
	作物所	0	0.74	0	0	0	6.67	0	0.74	0	1	0	0	0	1.3	0	1	1	0	1	0.2	1
	科益农	0	0	0	0	0	0	0	0	0	1	0	0	0	1	0	1	1	0	1	0	1
	玉米场	0	0	0	0	0	0	0	0	0	1	0	0	0	1	0	1	1	0	1	0	1
	神农	0	0	0	0	0	0	0	0	0	1	0	0	0	1	0	1	1	1	1	0	1
	中天大地	0	0	0	0	0	0	0	0	0	1	0	0	0	1	0	1	1	1	1	0	1
先玉2163	蓟州	0	0	0	0	0	0	0	0	0	1	0	0	0	1	0	1	1	1.0	1	0	1
	宝坻	0	1.2	2.8	0	0	0	0	0	0	1	0	0	0	1	0	1	1	0	1	0	1
	作物所	0	0	0	1.48	0	0	0	0	0	1	0	0	0	1.3	0	1	1	0	1	0	1
	科益农	0	0	0	0	0	0	0	0	0	1	0	0	0	1	0	1	1	0	1	0	1
	玉米场	0	0	0	0	0	0	0	0	0	1	0	0	0	1	0	1	1	0	1	0	1
	神农	0	0	0	0	0	0	0	0	0	1	0	0	0	1	0	1	1	0	1	0	1
	中天大地	1.2	0	0	0	0	0	0	0	0	1	0	0	0	1	0	1	1	1	1	0	1
永协518	蓟州	37.0	25.9	7.5	80.0	40.0	0	0	0	0	1	0	0	0	1	0	1	1	1	1	0	3
	宝坻	2.5	4.2	2.8	0	0	0	0	0	0	1	0	0	0	1	0	1	1	1.0	1	0	1.0
	作物所	0	0	0	5.19	0	0	0	0	0	1	0	0	0	1.2	0	1	1	0	1	0	1
	科益农	0	0	0	0	0	0	0	0	0	1	0	0	0	1	0	1	1	0	1	0	1
	玉米场	0	0	0	0	0	0	0	0	0	1	0	0	0	1	0	1	1	0	1	0	1
	神农	0	0	0	0	0	0	0	0	0	1	0	0	0	1	0	1	1	1	1	0	1
	中天大地	0	0	0	0	0	0	0	0	0	1	0	0	0	1	0	1	1	1	1	0	1

（续表）

品种名称	试点名称	空秆率（%）			倒伏率（%）			倒折率（%）			小斑病（级）	茎腐病（%）			穗腐病（级）	丝黑穗病（%）	南方锈病（级）	弯孢叶斑病（级）	瘤黑粉病（%）	纹枯病（级）	粗缩病（%）	褐斑病
		I	II	III	I	II	III	I	II	III		I	II	III								
宽元1126	蓟州	51.9	43.2	38.3	80.0	60.0	40.0	0	0	0	1	0	0	0	1	0	1	1	1	1	0	3
	宝坻	0	0	1.2	0	0	0	0	0	0	1	0	0	0	1	0	1	1	1.0	1	0	1.0
	作物所	0	0	0	5.93	0	13.33	0	0	0	1	0	0	0	1.1	0	1	1	0	1	0	1
	科益农	0	0	0	8.0	0	0	4.5	0	0	1	0	0	0	1	0	1	1	0	1	0	1
	玉米场	0	0	0	0	0	0	0	0	0	1	0	0	0	1	0	1	1	0	1	0	1
	神农	0	0	0	0	0	0	0	0	0	1	0	0	0	1	0	1	1	0	1	0	1
	中天大地	0	0	0	0	0	0	0	0	0	1	0	0	0	1	0	1	1	0	1	0	1
沽玉901	蓟州	13.6	22.2	0	30.0	40.0	0	0	0	0	1	0	0	0	1	0	1	1	1	1	0	5
	宝坻	1.2	0	0	0	0	0	0	0	0	1	0	0	0	1	0	1	1	1.0	1	0	1.0
	作物所	0	0	0	8.89	0	2.96	0	0	0	3	0	0	0	1.1	0	1	1	0	1	0.5	1
	科益农	0	0	0	0	0	0	0	0	0	1	0	0	0	1	0	1	1	0	1	0	1
	玉米场	0	0	0	0	0	0	0	0	0	1	0	0	0	1	0	1	1	0	1	0	1
	神农	0	0	0	0	0	0	0	0	0	1	0	0	0	1	0	1	1	0	1	0	1
	中天大地	1.1	0	1.4	0	0	0	0	0	0	1	0	0	0	1	0	1	1	0	1	0	1

附表 9-6　2022年天津市玉米品种区域试验产量性状汇总（夏玉米）

品种名称	试点名称	小区产量（千克）					亩产（千克）	位次	穗长（厘米）	穗粗（厘米）	穗行数	秃尖长（厘米）	单穗粒重（克）	百粒重（克）	穗型	轴色	粒型	粒色
		Ⅰ	Ⅱ	Ⅲ	合计	平均												
京单58（CK）	蓟州	14.83	14.93	14.64	44.40	14.80	822.2	6	18.0	5.0	14.0	0.8	208.00	39.7	筒	白	半马齿	黄
	宝坻	11.67	11.06	11.22	33.95	11.32	628.8	11	20.1	5.2	13.0	0.6	173.02	39.2	锥	白	马齿	黄
	作物所	14.96	13.86	15.1	43.91	14.64	813.2	8	18.6	4.9	16	0	180.7	36.9	筒	白	半马齿	黄
	科益农	13.65	13.53	14.34	41.52	13.84	768.9	11	17.9	4.9	14.0	0.4	170.9	41.3	筒	白	半马齿	黄
	玉米场	13.25	13.27	13.18	39.7	13.23	735.2	14	18.4	5.2	13.2	0.8	185.2	34.8	筒	白	马齿	黄
	神农	14.32	13.74	14.65	42.71	14.24	791.1	2	17.3	5	14.2	0.5	196	45.5	筒	白	硬粒	黄
	中天大地	8.69	11.36	9.70	29.74	9.91	550.7	13	19.1	5.0	12.0	0.1	123.91	40.2	筒	白	半马齿	
	平均	13.05	13.11	13.26	39.42	13.14	730.01	9.29	18.49	5.03	13.77	0.46	176.82	39.65				
天塔518	蓟州	14.46	14.28	14.74	43.48	14.49	805.0	8	18.4	5.0	16.6	0.2	179.40	31.7	筒	白	半马齿	黄
	宝坻	12.42	11.57	12.08	36.08	12.03	668.2	2	19.5	5.0	15.4	0.1	167.79	32.6	锥	白	马齿	黄
	作物所	16.45	15.89	12.2	44.54	14.85	824.8	7	18.6	4.76	16.4	0	183.3	33.9	筒	白	半马齿	黄
	科益农	14.9	14.49	14.23	43.62	14.54	807.8	6	19.8	5.1	15.6	0	179.5	29.5	筒	白	半马齿	黄
	玉米场	13.97	13.95	13.85	41.77	13.92	773.5	8	19	5	15.2	0.7	182.7	26.8	筒	白	马齿	黄
	神农	13.76	14.13	13.29	41.18	13.73	762.8	7	19.8	4.9	16	0.3	181	28.9	筒	白	马齿	黄
	中天大地	9.91	10.17	11.01	31.10	10.37	575.9	9	21.0	5.6	18.0	0.1	140.73	26.0	筒	白	半马齿	黄
	平均	13.70	13.50	13.06	40.25	13.42	745.43	6.71	19.44	5.05	16.17	0.20	173.49	29.92				
鲁研106	蓟州	15.75	15.66	15.82	47.23	15.74	874.4	3	18.0	4.8	17.2	1.7	197.90	33.2	筒	红	硬粒	黄
	宝坻	11.68	11.09	11.45	34.21	11.40	633.6	10	19.0	5.1	16.6	1.1	165.42	30.2	锥	红	半马齿	黄
	作物所	13.45	14.72	15.48	43.65	14.55	808.4	9	18.7	4.81	18.4	0.8	179.7	31.3	筒	粉	半马齿	黄
	科益农	14.71	15.18	14.85	44.74	14.91	828.5	5	15.8	4.8	16.4	0.8	184.1	27.7	筒	红	半马齿	黄
	玉米场	14.72	14.38	14.99	44.1	14.7	816.6	6	17.8	5	16.8	3	166.7	27.2	筒	红	马齿	黄
	神农	12.38	11.95	12.86	37.19	12.4	688.9	13	16.4	4.8	16.4	0.6	162	29.5	筒	粉	半马齿	黄
	中天大地	9.63	9.91	12.82	32.35	10.78	599.1	7	20.5	5.6	18.0	0.2	132.04	29.6	筒	红	半马齿	黄
	平均	13.19	13.27	14.04	40.50	13.50	749.93	7.57	18.03	4.99	17.11	1.17	169.70	29.82				

（续表）

品种名称	试点名称	小区产量（千克）					亩产（千克）	位次	穗长（厘米）	穗粗（厘米）	穗行数	秃尖长（厘米）	单穗粒重（克）	百粒重（克）	穗型	轴色	粒型	粒色
		Ⅰ	Ⅱ	Ⅲ	合计	平均												
兴茂玉221	蓟州	12.08	11.74	12.37	36.19	12.06	670.0	10	16.2	4.9	13.6	0.5	199.80	42.9	筒	红	硬粒	橙黄
	宝坻	12.55	12.07	11.27	35.89	11.96	664.6	3	18.9	5.1	13.2	0	177.63	41.9	锥	紫	半马齿	黄
	作物所	13.67	14.54	13.7	41.92	13.97	776.4	11	18.3	4.78	14	0	172.5	36.6	筒	红	半马齿	黄
	科益农	14.79	14.12	14.23	43.14	14.38	798.9	8	17.1	4.9	14.0	0.2	177.5	40.5	筒	红	半马齿	黄
	玉米场	15.28	15.03	15.02	45.33	15.11	839.53	2	18	5	13.6	0.4	204.3	44.1	筒	红	马齿	黄
	神农	14.01	14.74	13.68	42.43	14.14	785.6	4	18.3	5.1	12.8	0.1	201	41	筒	红	半马齿	橙
	中天大地	8.00	9.24	11.66	28.90	9.63	535.2	14	19.5	5.0	12.0		138.28	37.1	筒	红	半马齿	黄
	平均	12.91	13.07	13.13	39.11	13.04	724.32	7.43	18.04	4.97	13.31	0.17	181.57	40.58				
科华666	蓟州	15.78	16.02	15.64	47.44	15.81	878.3	2	17.6	4.8	18.6	0.9	196.80	28.5	筒	红	半马齿	黄
	宝坻	11.35	10.95	10.82	33.13	11.04	613.5	12	20.6	5.0	17.8	0.9	177.63	30.1	锥	紫	半马齿	黄
	作物所	12.69	11.95	12.19	36.83	12.28	682	14	17.5	4.52	19	0.6	151.6	36.3	筒	红	半马齿	黄
	科益农	13.1	14.06	13.58	40.74	13.58	754.4	12	18.2	4.8	18.4	0.2	167.7	26.6	筒	红	半马齿	黄
	玉米场	13.75	13.57	13.69	41.02	13.67	759.68	10	18.6	4.8	18	0.4	192.7	27.7	筒	红	马齿	黄
	神农	12.16	12.6	11.85	36.61	12.2	677.8	14	17.1	4.6	18	1.2	146	26.6	筒	粉	半马齿	黄
	中天大地	8.36	7.87	10.71	26.94	8.98	498.9	15	21.0	5.3	20.0	0.2	121.35	25.8	筒	红	半马齿	黄
	平均	12.46	12.43	12.64	37.53	12.51	694.94	11.29	18.66	4.83	18.54	0.63	164.83	28.80				
冀玉803	蓟州	14.07	13.62	13.95	41.64	13.88	771.1	9	19.2	4.9	16.0	0.8	197.90	36.4	筒	白	半马齿	黄
	宝坻	11.67	11.48	11.67	34.81	11.60	644.7	9	20.2	5.3	16.0	0.3	175.20	36.0	锥	白	半马齿	黄
	作物所	15.47	15.6	15.82	46.88	15.63	868.1	2	19.8	4.87	16.5	0.4	192.9	33.6	筒	白	半马齿	黄
	科益农	14.68	15.67	14.61	44.96	14.99	832.6	4	19.6	4.9	15.2	0.4	185	34.1	筒	白	半马齿	黄
	玉米场	13.83	13.88	13.58	41.29	13.76	764.66	9	20	5.2	15.2	0.3	226	39.4	筒	白	马齿	黄
	神农	14.85	15.37	13.98	44.2	14.73	818.3	1	20.7	5.1	16.2	1.1	219	40.8	筒	白	半马齿	黄
	中天大地	11.67	9.85	10.60	32.11	10.70	594.7	8	20.9	5.2	14.0	0.3	133.81	33.5	筒	白	半马齿	黄
	平均	13.75	13.64	13.46	40.84	13.61	756.31	6.00	20.06	5.07	15.59	0.51	189.97	36.25				

（续表）

品种名称	试点名称	小区产量（千克）					亩产（千克）	位次	穗长（厘米）	穗粗（厘米）	穗行数	秃尖长（厘米）	单穗粒重（克）	百粒重（克）	穗型	轴色	粒型	粒色
		I	II	III	合计	平均												
棒博士58	蓟州	14.96	14.49	14.14	43.59	14.53	807.2	7	16.7	5.1	16.6	1.0	203.40	37.5	筒	红	半马齿	橙黄
	宝坻	11.77	11.45	11.95	35.17	11.72	651.3	7	17.5	5.4	17.0	0.1	173.72	35.2	筒	紫	半马齿	黄
	作物所	13.33	13.84	13.17	40.35	13.45	747.2	12	16.3	5.08	17.6	0.2	166	30.2	筒	红	半马齿	橙黄
	科益农	14.6	13.67	14.6	42.87	14.29	793.9	9	17.4	5.2	16.8	0.2	176.4	35.8	筒	红	半马齿	黄
	玉米场	15.07	15.12	15	45.19	15.06	836.85	3	16.4	5	17.2	0.3	195.5	32.2	筒	红	马齿	黄
	神农	13.29	12.62	13.77	39.68	13.23	735	10	16.8	5.2	16.4	0.1	167	32.7	筒	红	半马齿	橙
	中天大地	10.87	11.76	10.85	33.48	11.16	620.0	3	19.7	5.8	18.0	0	140.67	34.4	筒	红	半马齿	黄
	平均	13.41	13.28	13.35	40.05	13.35	741.63	7.29	17.26	5.25	17.09	0.27	174.67	34.00				
固玉6号	蓟州	14.97	15.09	14.87	44.93	14.98	832.2	5	17.2	5.0	19.6	0.6	200.20	32.1	筒	粉	半马齿	黄
	宝坻	10.77	10.54	10.53	31.84	10.61	589.7	14	16.9	5.0	18.6	0.2	144.01	28.9	锥	粉	半马齿	黄
	作物所	14.1	11.27	13.79	39.16	13.05	725.3	13	16.5	4.85	18.5	0.3	161.2	30.8	筒	粉	半马齿	黄
	科益农	13.86	13.25	13.09	40.2	13.40	744.4	14	16.2	5.2	20.0	0.4	165.4	29.2	筒	粉	半马齿	黄
	玉米场	13.56	13.45	13.72	40.73	13.58	754.31	12	16.6	4.8	18	0.2	182.5	31.5	筒	红	马齿	黄
	神农	13.03	14.15	12.62	39.8	13.27	737.2	9	15.1	4.8	18.2	0.2	162	28.3	筒	粉	半马齿	黄
	中天大地	9.98	10.60	10.24	30.82	10.27	570.7	11	18.6	5.5	18.0	0.1	130.58	29.9	筒	红	半马齿	黄
	平均	12.90	12.62	12.69	38.21	12.74	707.68	11.14	16.73	5.02	18.73	0.29	163.70	30.10				
吉艾玉168	蓟州	14.58	15.10	15.29	44.97	14.99	832.8	4	17.6	5.1	17.6	2.6	206.60	40.5	筒	红	半马齿	橙黄
	宝坻	11.02	10.93	10.87	32.81	10.94	607.7	13	19.4	5.4	19.2	0.9	180.03	34.3	锥	红	半马齿	黄
	作物所	14.18	16.96	14.36	45.5	15.17	842.6	4	19.5	5.16	18.8	1.4	187.2	35.9	筒	粉	半马齿	黄
	科益农	14.03	14.89	13.84	42.76	14.25	791.9	10	18.6	5.2	19.2	1.5	176	32.7	筒	红	半马齿	黄
	玉米场	12.88	13.08	13.13	39.08	13.03	723.78	15	16.8	5	17.2	1.1	182	32.8	筒	红	马齿	橙
	神农	14.18	14.96	13.53	42.67	14.22	790	3	17.9	5.4	18	1.8	209	36.9	筒	红	半马齿	橙
	中天大地	9.59	11.41	9.77	30.77	10.26	569.8	12	21.9	5.3	18.0	0.4	134.96	31.3	筒	红	半马齿	黄
	平均	12.92	13.90	12.97	39.79	13.27	736.93	8.71	18.81	5.22	18.29	1.39	182.26	34.92				

（续表）

品种名称	试点名称	小区产量（千克）					亩产（千克）	位次	穗长（厘米）	穗粗（厘米）	穗行数	秃尖长（厘米）	单穗粒重（克）	百粒重（克）	穗型	轴色	粒型	粒色
		Ⅰ	Ⅱ	Ⅲ	合计	平均												
A166	蓟州	10.22	10.90	10.29	31.41	10.47	581.7	12	20.1	5.0	17.2	0.6	205.80	33.8	筒	红	半马齿	黄
	宝坻	12.34	11.38	11.55	35.27	11.76	653.2	6	20.8	5.1	18.2	0.4	175.27	32.5	锥	紫	半马齿	黄
	作物所	16.16	16.55	14.7	47.41	15.8	877.9	1	20.4	5.07	21	0.2	195.1	32.1	筒	红	马齿	浅黄
	科益农	15.59	16.35	15.94	47.88	15.96	886.7	3	21	4.9	16.0	0.2	197	39.6	筒	红	半马齿	黄
	玉米场	14.65	14.95	14.88	44.48	14.83	823.72	5	19.8	5	15.6	1	193.9	35.3	筒	红	马齿	黄
	神农	12.67	12.28	13.05	38	12.67	703.9	12	18.8	4.6	14.6	1	184	27.7	筒	紫	马齿	黄
	中天大地	11.27	11.20	11.97	34.44	11.48	637.8	1	24.3	5.6	18.0	0.4	149.08	32.4	筒	红	半马齿	橙
	平均	13.27	13.37	13.20	39.84	13.28	737.83	5.71	20.74	5.04	17.23	0.54	185.74	33.34				黄
先玉2163	蓟州	17.41	17.26	17.57	52.24	17.41	967.2	1	19.2	4.9	16.8	1.7	209.20	35.4	筒	红	硬粒	橙黄
	宝坻	14.72	12.15	10.72	37.59	12.53	696.1	1	21.0	5.0	15.2	0.7	185.70	34.2	锥	红	半马齿	黄
	作物所	15.3	15.51	14.79	45.61	15.2	844.6	3	19.5	4.61	16.4	0.9	187.7	32.1	筒	粉	半硬	橙黄
	科益农	16.2	15.4	16.57	48.17	16.06	892.0	2	20.4	4.9	16.4	1.4	198.2	34.3	筒	红	硬粒	橙黄
	玉米场	15.1	15.3	15.19	45.59	15.2	844.25	1	18	4.8	14.8	1.7	173	32.8	筒	红	马齿	黄
	神农	12.84	13.35	12.24	38.43	12.81	711.7	11	19.6	4.7	14.8	1.4	161	28.4	筒	红	半马齿	黄
	中天大地	10.73	10.82	11.09	32.64	10.88	604.5	6	21.6	5.0	14.0	0.3	131.09	32.0	筒	红	半马齿	黄
	平均	14.61	14.26	14.02	42.90	14.30	794.34	3.57	19.90	4.84	15.49	1.15	177.98	32.74				黄
永协518	蓟州	9.00	9.53	9.75	28.28	9.43	523.9	13	16.0	4.9	16.8	0.4	192.50	31.0	筒	红	硬粒	橙黄
	宝坻	11.84	11.78	11.48	35.10	11.70	650.0	8	19.3	5.1	17.8	1.0	181.16	29.5	锥	紫	半马齿	橙黄
	作物所	13.17	16.14	14.29	43.6	14.53	807.5	10	18.6	4.88	18.8	0.2	179.4	29.2	筒	红	半硬	橙黄
	科益农	13.26	13.17	14.03	40.46	13.49	749.3	13	19.8	4.9	16.8	0.3	166.5	29.5	筒	紫	硬粒	橙黄
	玉米场	14	14	14.06	42.06	14.02	778.82	7	17.6	4.8	17.2	1.1	168.3	23.2	筒	红	马齿	黄
	神农	13.82	14.17	13.39	41.38	13.79	766.1	6	18.8	5	14.2	1.4	187	36.7	筒	紫	半马齿	橙
	中天大地	10.30	11.16	12.68	34.15	11.38	632.3	2	20.5	5.2	16.0	0.4	154.50	30.3	筒	红	硬粒	黄
	平均	12.20	12.85	12.81	37.86	12.62	701.12	8.43	18.66	4.97	16.80	0.69	175.62	29.91				

（续表）

品种名称	试点名称	小区产量（千克）					亩产（千克）	位次	穗长（厘米）	穗粗（厘米）	穗行数	秃尖长（厘米）	单穗粒重（克）	百粒重（克）	穗型	轴色	粒型	粒色
		I	II	III	合计	平均												
尧元1126	蓟州	6.55	6.78	7.30	20.63	6.88	382.2	14	15.8	5.3	19.2	0.4	186.00	37.5	筒	白	硬粒	橙黄
	宝坻	11.56	12.12	11.70	35.38	11.79	655.2	5	20.5	5.3	17.8	0.9	198.00	33.3	锥	紫	硬粒	橙黄
	作物所	14.17	16.33	14.37	44.88	14.96	831	6	19.8	5.07	19.5	0.4	184.7	29.5	筒	白	硬	橙黄
	科益农	16.11	17.09	15.94	49.14	16.38	910.0	1	18.6	5.2	18.8	1.2	202.2	29.6	筒	白	硬粒	橙黄
	玉米场	15.1	14.95	14.85	44.9	14.97	831.44	4	18.2	5.2	17.2	2.3	199.8	28.9	筒	白	半马齿	黄
	神农	13.9	13.44	14.18	41.52	13.84	768.9	5	16.8	5	18.4	1	188	33.3	筒	白	硬粒	橙
	中天大地	12.42	10.01	11.03	33.46	11.15	619.6	4	23.6	5.9	18.0	0.2	157.08	30.6			半马齿	黄
	平均	12.83	12.96	12.77	38.56	12.85	714.06	5.57	19.04	5.28	18.41	0.91	187.97	31.81				
沽玉901	蓟州	11.21	10.93	11.73	33.87	11.29	627.2	11	17.5	4.8	15.2	1.3	182.20	36.1	筒	红	半马齿	橙黄
	宝坻	12.36	11.81	11.59	35.77	11.92	662.4	4	18.5	4.9	15.8	0.3	164.93	32.6	锥	红	马齿	黄
	作物所	16.91	13.58	14.65	45.15	15.05	836	5	16.4	4.7	16	0	185.8	33.5	筒	粉	半马齿	黄
	科益农	13.83	14.96	14.51	43.3	14.43	801.9	7	18.2	4.8	16.0	0.6	178.2	31.9	筒	红	半马齿	黄
	玉米场	13.37	13.51	13.59	40.47	13.49	749.47	13	16.8	4.8	16	0.6	181	34.4	筒	红	马齿	红
	神农	13.55	14.06	12.85	40.46	13.49	749.4	8	15.6	4.7	14.6	1	166	37.1	筒	粉	半马齿	橙
	中天大地	12.71	11.31	9.20	33.22	11.07	615.1	5	20.3	5.2	16.0	0.3	140.15	31.3	筒	红	半马齿	黄
	平均	13.42	12.88	12.59	38.89	12.96	720.20	7.57	17.61	4.84	15.66	0.59	171.18	33.84				

第十章 2022年天津市玉米品种生产试验总结

一、试验目的

在区域试验的基础上，进一步鉴定供试品种在天津市的丰产性、抗逆性、适应性，为品种审定和品种推广提供科学的依据。

二、参试品种及承试单位（表10-1、表10-2）

表10-1 2022年天津市玉米品种生产试验参试品种（春玉米）

序号	品种名称	亲本组合	选育单位
1	郑单958（CK）		
2	天科玉1号	M1014×F0913	天津市农作物研究所
3	先玉2053	PH2GAA×IPCJB87	铁岭先锋种子研究有限公司

表10-2 2022年天津市玉米品种生产试验参试品种（夏玉米）

序号	品种名称	亲本组合	选育单位
1	京单58（CK）		
2	天塔228	H88×6H228	天津中天大地科技有限公司
3	京品616	Y6×Y16	北京恒茂益远农业科技有限公司

承试单位：天津蓟县康恩伟泰种子有限公司、天津宝坻区农业发展服务中心、天津保农仓农业科技有限公司、天津市农作物研究所、天津中天大地科技有限公司、天津市优质农产品开发示范中心、天津金世神农种业有限公司。

三、试验设计

生产试验采用间比法排列，不设重复，面积为300米^2，全区收获计产，并设不少于3行的保护区。宝坻、武清两点在生产试验田中，每品种安排10株（穗）套袋，以备作品质分析。对照品种春玉米组为郑单958，夏玉米组为京单58，由天津市农业发展服务中心植保植检部（种子技术服务部）统一提供。

四、气象情况

春玉米：前期整体温度不高，降雨极少，田间连续干旱，各试点均通过适时喷灌缓解旱情；中后期整体降水量增多，蓟州、宝坻、武清试点出现多次强降雨，造成个别品种出现倒伏；后期降水量适中，光照充足，利于玉米灌浆成熟，产量较往年较高。

夏玉米：前期降水量较充足，宝坻试点苗期降雨较少；中期降水量较往年较少，土壤旱情严重，各试点均灌溉处理，蓟州、宝坻、武清出现大雨大风天气，部分品种发生倒伏；后期降雨较多，宝坻试点10月中上旬出现低温天气，部分品种叶片发生冻害。

五、试验结果

（一）春玉米生产试验品种评述

2022年天津市春玉米品种生产试验参试品种共3个，其中对照品种为郑单958，平均亩产为700.5~776.4千克，增产幅度为0~10.84%。

（1）先玉2053：平均亩产776.4千克，较对照郑单958增产10.84%，增产点比率100%。生育期112.2天。株高308.8厘米，穗位高119.4厘米，株型半紧凑，穗长20.1厘米，穗粗4.8厘米，穗行数16.3，秃尖长0.9厘米，单穗粒重195.5克，百粒34.7克，轴红色，籽粒黄色，半马齿型。2022年品质检测结果：容重772.0克/升，粗蛋白（干基）8.18%，粗脂肪（干基）3.82%，粗淀粉（干基）75.39%，倒伏倒折率之和平均0，倒伏倒折之和≥10%点次比例0，大斑病1级，无茎腐病，穗腐病1级。

（2）天科玉1号：平均亩产754.7千克，较对照郑单958增产7.74%，增产点比率85.7%。生育期

112.7天。株高320.6厘米，穗位高133.8厘米，株型半紧凑，穗长17.7厘米，穗粗5.0厘米，穗行数17.5，秃尖长1.2厘米，单穗粒重183.0克，百粒重30.5克，轴红色，籽粒黄色，马齿型。2022年品质检测结果：容重746.0克/升，粗蛋白（干基）9.02%，粗脂肪（干基）4.06%，粗淀粉（干基）72.85%，倒伏倒折率之和平均74.2%，倒伏倒折之和≥10%点次比例14.3%，大斑病1级，无茎腐病，穗腐病1级。

（3）郑单958：生产试验对照品种，产量700.5千克，容重780.0克/升，粗蛋白（干基）9.02%，粗脂肪（干基）4.44%，粗淀粉（干基）74.24%，倒伏倒折率之和平1.7%，倒伏倒折之和≥10%点次比例0，大斑病1级，无茎腐病，穗腐病1级。

（二）夏玉米生产试验品种评述

2022年天津市夏玉米品种生试参试品种共3个，其中对照品种为京单58，平均亩产在687.7~727.3千克，增产幅度为0~5.8%。

（1）天塔228：平均亩产712.0千克，较对照京单58增产3.54%，增产点比率71.4%。生育期111.0天。株高258.3厘米，穗位高94.6厘米，株型半紧凑，穗长17.5厘米，穗粗5.1厘米，穗行数15.7，秃尖长0.7厘米，单穗粒重163.5克，百粒重34.2克，轴红色，籽粒黄色，马齿型。2022年品质检测结果：容重799.0克/升，粗蛋白（干基）7.80%，粗脂肪（干基）3.11%，粗淀粉（干基）77.10%，倒伏倒折率之和平均0，倒伏倒折之和≥10%点次比例0，大斑病1级，无茎腐病，穗腐病1级。

（2）京品616：平均亩产727.3千克，较对照京单58增产5.8%，增产点比率85.7%。生育期109.2天。株高225.1厘米，穗位高100.7厘米，株型半紧凑，穗长19.4厘米，穗粗5.2厘米，穗行数14.9，秃尖长0.7厘米，单穗粒重183.9克，百粒重39.1克，轴白色，籽粒黄色，半马齿型。2022年品质检测结果：容重760.0克/升，粗蛋白（干基）6.91%，粗脂肪（干基）3.89%，粗淀粉（干基）77.7%，倒伏倒折率之和平均0，倒伏倒折之和≥10%点次比例0，大斑病1级，无茎腐病，穗腐病1级。

（3）京单58：生产试验对照品种，产量687.7千克，容重731.0克/升，粗蛋白（干基）7.47%，粗脂肪（干基）3.68%，粗淀粉（干基）76.85%，倒伏倒折率之和平均0.6%，倒伏倒折之和≥10%点次比例0，大斑病1级，茎腐病0.33%，穗腐病2级。

各参试品种处理意见：根据参试品种在区试中的综合表现，推荐先玉2053、天科玉1号、天塔228参加审定，其他品种停止试验。

2022年玉米品种生产试验数据汇总见附表10-1至附表10-6。

附表10-1　2022年天津市玉米品种生产试验参试品种田间性状汇总（春玉米）

品种名称	试点名称	出苗期（月/日）	抽雄期（月/日）	吐丝期（月/日）	成熟期（月/日）	生育期（天）	收获时籽粒含水量（%）	花丝色	花药色	整齐度	株高（厘米）	穗位高（厘米）	株型	出苗率（%）
郑单958（CK）	蓟州	5/10	6/30	7/3	9/4	117	27.9	紫红	浅紫	较整齐	287	133	紧凑	99.4
	宝坻	5/6	6/30	7/3	8/27	113	21.3	粉	黄	整齐	303	149	紧凑	100
	作物所	5/9	7/2	7/4	9/2	116	26.4	浅紫	浅紫	整齐	290	131	紧凑	100
	科益农	5/17	7/2	7/8	9/1	107	30.3	粉绿	浅紫	整齐	260	125	紧凑	99.5
	玉米场	5/5	7/2	7/5	8/28	115	13.8	浅紫	绿	整齐	298.5	147	紧凑	100
	神农	5/9	6/30	7/1	8/27	111	29.7	浅紫	浅紫	整齐	296	131	半紧凑	100
	中天大地	5/12	7/11	7/13	9/4	115	30.9	紫红	绿	整齐	253	108	半紧凑	100
	平均					114.5	25.8				283.9	132.0		99.8
天科玉1号	蓟州	5/10	7/1	7/3	8/31	113	26.7	紫红	紫	整齐	326	143	半紧凑	100
	宝坻	5/6	6/29	7/2	8/24	110	17.4	橙黄	紫	整齐	355	152	半紧凑	100
	作物所	5/9	7/1	7/3	9/1	115	25.8	浅紫	紫	整齐	325	135	半紧凑	100
	科益农	5/17	7/6	7/7	8/31	106	30.8	粉绿	浅紫	整齐	301	125	半紧凑	99
	玉米场	5/5	6/28	7/1	8/25	112	12.2	紫	紫	整齐	328.5	149.5	紧凑	100
	神农	5/9	6/29	6/30	8/28	112	27.8	浅紫	浅紫	整齐	329	122	平展	100
	中天大地	5/12	7/8	7/9	9/3	114	28.1	紫红	紫	整齐	280	110	紧凑	100
	平均					112.7	24.1				320.6	133.8		99.9
先玉2053	蓟州	5/10	7/1	7/3	8/30	112	31.2	紫红	浅紫	整齐	308	127	半紧凑	100
	宝坻	5/6	6/29	7/2	8/24	110	23.2	浅绿	黄	整齐	344	145	半紧凑	100
	作物所	5/9	7/1	7/3	9/1	115	26.2	浅紫	紫	整齐	325	122	半紧凑	100
	科益农	5/17	7/6	7/7	9/1	107	33.9	粉绿	浅紫	整齐	281	110	半紧凑	99.6
	玉米场	5/5	6/28	7/1	8/25	112	12.1	浅紫	绿	整齐	327.5	124.5	紧凑	100
	神农	5/9	6/29	6/30	8/25	109	31.9	绿	浅紫	整齐	308	118	平展	100
	中天大地	5/12	7/8	7/9	9/4	115	29.3	浅绿	绿	整齐	268	89	紧凑	100
	平均					112.2	26.8				308.8	119.4		99.9

附表10-2 2022年天津市玉米品种生产试验参试品种田间抗性汇总（春玉米）

品种名称	试点名称	空秆率（%）	倒伏率（%）	倒折率（%）	大斑病（级）	茎腐病（%）	穗腐病（级）	丝黑穗病（%）	灰斑病（级）	弯胞叶斑病（级）	瘤黑粉病（%）	纹枯病（级）	粗缩病（%）	心叶期玉米螟（%）
郑单958（CK）	蓟州	0	0	9.9	1	0	1	0	1	1	1	1	0	0
	宝坻	0.8	0	0	1	0	1	0	1	1	1	1	0	0
	作物所	0.22	0	0	3	0	1.02	0	1	1	0	1	0	0
	科益农	0	0	0	1	0	1	0	1	1	1	1	0	1.5
	玉米场	0	0	0	1	0	1	0	1	1	0	1	0	1.0
	神农	0	0	0	1	0	1	0	1	1	0	1	0	1.0
	中天大地	2.5	0	0	1	0	1	0	1	1	1	1	0	0
天科玉1号	蓟州	0	0	29.6	1	0	1	0	1	1	1	1	0	0
	宝坻	0	0	0	1	0	1	0	1	1	1	1	0	0
	作物所	0.11	0	0	1	0	1.01	0	1	1	0	1	0	1.2
	科益农	0	0	0	1	0	1	0	1	1	1	1	0	1.0
	玉米场	0	0	0	1	0	1	0	1	1	0	1	0	1.0
	神农	0	0	0	1	0	1	0	1	1	0	1	0	0
	中天大地	2.4	0	0	1	0	1	0	1	1	1	1	0	0
先玉2053	蓟州	0	0	0	1	0	1	0	1	1	1	1	0	0
	宝坻	1.7	0	0	1	0	1	0	1	1	1	1	0	0
	作物所	0.56	0	0	1	0	1.01	0	1	1	0	1	0	0
	科益农	0	0	0	1	0	1	0	1	1	1	1	0	0.8
	玉米场	0	0	0	1	0	1	0	1	1	0	1	0	1.0
	神农	0	0	0	1	0	1	0	1	1	0	1	0	1.0
	中天大地	4.9	0	0	1	0	1	0	1	1	1	1	0	0

附表10-3　2022年天津市玉米品种生产试验产量性状汇总（春玉米）

品种名称	试点名称	小区产量（千克）	亩产（千克）	位次	穗长（厘米）	穗粗（厘米）	穗行数	秃尖长（厘米）	单穗粒重（克）	百粒重（克）	穗型	轴色	粒型	粒色
郑单958	蓟州	349.26	776.10	3	16.0	4.9	15.6	0.2	200.20	35.1	筒	白	半马齿	黄
	宝坻	303.77	675.07	3	17.2	5.0	16.2	0.6	173.33	36.1	筒	白	半马齿	黄
	作物所	331.78	737.3	3	18.5	4.89	16.4	0	184.3	31.7	筒	白	半马齿	黄
	科益农	286.81	637.40	3	18.8	4.9	15.2	0.5	171.3	35.0	筒	白	半马齿	黄
	玉米场	393.16	873.69	3	18.9	5	17.2	0.8	223.5	34.2	筒	白	半马齿	黄
	神农	276.2	613.8	3	18.3	4.5	14.2	0.7	164	28.7	筒	白	半马齿	黄
	中天大地	265.70	590.44	3	22.8	5.6	18.0	0.8	154.31	28.7	筒	白	半马齿	黄
	平均	315.24	700.54		18.64	4.97	16.11	0.51	181.56	32.79				
天科玉1号	蓟州	356.83	793.00	2	16.4	4.9	17.8	1.1	198.20	31.0	筒	白	半马齿	黄
	宝坻	314.60	699.14	2	18.0	5.0	17.4	0.8	167.99	30.7	筒	紫	马齿	黄
	作物所	330.19	733.8	2	17.8	4.96	17.4	0.8	183.4	30.3	筒	粉	半马齿	黄
	科益农	311.77	692.80	1	17.3	5.1	18	1.1	186.2	35.1	筒	红	马齿	黄
	玉米场	414.18	920.4	1	18.9	5.1	17.6	0.5	236.8	32.3	筒	粉	半马齿	黄
	神农	350.1	778	1	17.2	4.6	18	0	147	25.8	筒	红	马齿	黄
	中天大地	299.50	665.56	2	18.5	5.2	16.0	3.8	161.64	28.4	筒	红	半马齿	黄
	平均	339.60	754.67		17.73	4.98	17.46	1.16	183.03	30.52				
先玉2053	蓟州	404.05	897.90	1	17.6	4.8	16.0	0.8	224.50	36.0	筒	粉	半马齿	黄
	宝坻	315.77	701.74	1	19.1	4.9	16.6	1.0	178.29	33.9	筒	紫	半马齿	黄
	作物所	373.32	829.6	1	20.2	4.7	16.5	0.3	208.6	31.3	筒	红	半马齿	黄
	科益农	322.08	715.70	1	19.7	4.7	15.2	1.2	188.9	34.3	筒	紫	半马齿	黄
	玉米场	394.37	876.39	2	19.4	4.8	15.4	1.1	224.3	37.9	筒	粉	半马齿	黄
	神农	331.8	737.3	2	19.7	4.5	16.5	1.6	168	34.1	筒	紫	半马齿	橙
	中天大地	304.40	676.44	1	25.1	5.4	18.0	0.2	176.13	35.3	锥	红	硬粒	黄
	平均	349.40	776.44		20.11	4.83	16.31	0.89	195.53	34.69				

附表10-4 2022年天津市玉米品种生产试验参试品种田间性状汇总（夏玉米）

品种名称	试点名称	出苗期（月/日）	抽雄期（月/日）	吐丝期（月/日）	成熟期（月/日）	生育期（天）	收获时籽粒含水量（%）	花丝色	花药色	整齐度	株高（厘米）	穗位高（厘米）	株型	出苗率（%）
京单58（CK）	蓟州	6/25	8/7	8/9	10/16	113	33.3	粉	浅紫	较整齐	269	112	半紧凑	99.8
	宝坻	6/29	8/16	8/18	10/20	113	31.5	粉	浅紫	整齐	269	120	紧凑	100
	作物所	6/26	8/11	8/15	10/13	109	33.1	淡紫	紫	整齐	251	101	紧凑	100
	科益农	6/27	8/9	8/13	10/10	106	31.5	粉	浅紫	整齐	231	90	半紧凑	98.5
	玉米场	6/25	8/14	8/17	10/14	111	26.6	浅紫	浅紫	整齐	222.5	93	紧凑	100
	神农	6/22	8/8	8/10	10/12	114	28.4	绿	绿	整齐	225	91	半紧凑	100
	中天大地	6/26	8/15	8/16	10/12	108	38.9	紫红	黄	整齐	221	106	半紧凑	100
	平均					111.0	31.9				241.2	101.9		99.8
天塔228	蓟州	6/25	8/7	8/8	10/9	106	29.4	粉	浅紫	整齐	290	112	半紧凑	99.5
	宝坻	6/29	8/15	8/16	10/18	111	24.6	橙黄	浅紫	整齐	285	122	半紧凑	100
	作物所	6/26	8/12	8/14	10/12	108	31.9	浅紫	紫	整齐	264	93	半紧凑	100
	科益农	6/27	8/9	8/11	10/9	105	30.4	紫红	浅紫	整齐	262	85	半紧凑	97.8
	玉米场	6/25	8/13	8/16	10/16	113	26.6	浅紫	浅紫	整齐	220	83.5	紧凑	100
	神农	6/22	8/6	8/8	10/7	108	24.8	浅紫	绿	整齐	245	80	平展	100
	中天大地	6/26	8/12	8/14	10/9	105	34.6	紫红	黄	整齐	242	87	半紧凑	100
	平均					109.0	28.9				258.3	94.6		99.6
京品616	蓟州	6/25	8/7	8/8	10/12	109	30.8	粉	紫	整齐	249	113	半紧凑	99.8
	宝坻	6/29	8/15	8/16	10/19	112	28.4	橙黄	黄	整齐	248	120	半紧凑	100
	作物所	6/26	8/11	8/13	10/13	109	33.9	紫	浅紫	整齐	231	108	半紧凑	100
	科益农	6/27	8/10	8/11	10/8	104	29.7	粉	紫	整齐	223	103	半紧凑	99
	玉米场	6/25	8/12	8/15	10/14	111	28.9	浅紫	紫	整齐	211	82	紧凑	100
	神农	6/22	8/6	8/7	10/7	108	27	绿	紫	整齐	204	77	平展	100
	中天大地	6/26	8/14	8/15	10/10	106	35.68	浅绿	紫	整齐	210	102	半紧凑	100
	平均					109.2	30.6				225.1	100.7		99.8

附表10-5 2022年天津市玉米品种生产试验参试品种田间抗性汇总（夏玉米）

品种名称	试点名称	空秆率（%）	倒伏率（%）	倒折率（%）	大斑病（级）	茎腐病（%）	穗腐病（级）	丝黑穗病（%）	灰斑病（级）	弯胞叶斑病（级）	瘤黑粉病（%）	纹枯病（级）	粗缩病（%）	心叶期玉米螟（%）
京单58（CK）	蓟州	0	0	0	1	0	1	0	1	3	1	1	0	0
	宝坻	0	0	0	3	0	1	0	1	1	1	1	1.0	1.0
	作物所	0.67	0	0.13	0	1.3	5	0	1	1	0	1	0.2	1
	科益农	0	0	0	1	0	1	0	1	1	1	1	0	0.4
	玉米场	0	0	0	1	0	1	0	1	1	0	1	0	1
	神农	0	0	0	0	1	1	0	1	1	0	1	0	1
	中天大地	0	0	0	1	0	1	0	1	1	1	1	0	0
天塔228	蓟州	0	0	0	1	0	1	0	1	1	1	1	0	0
	宝坻	0	0	0	1	0	1	0	1	1	1	1	1.0	1.0
	作物所	1.04	4.2	5.54	0	1.2	1	0	1	1	0	1	0.1	0.3
	科益农	0	0	0	1	0	1	0	1	1	1	1	0	1
	玉米场	0	0	0	1	0	1	0	1	1	0	1	0	1
	神农	0	0	0	0	1	1	0	1	1	0	1	0	1
	中天大地	0	0	0	1	0	1	0	1	1	0	1	0	0
京品616	蓟州	0	0	0	1	0	1	0	1	1	1	1	0	0
	宝坻	0	0	0	1	0	1	0	1	1	1	1	1.0	1.0
	作物所	0.69	0	0.44	0	1.3	3	0	1	1	0	1	0.1	0.5
	科益农	0	0	0	1	0	1	0	1	1	1	1	0	1
	玉米场	0	0	0	1	0	1	0	1	1	0	1	0	1
	神农	0	0	0	1	1	1	0	1	1	0	1	0	1
	中天大地	0	0	0	1	0	1	0	1	1	1	1	0	0

附表10-6 2022年天津市玉米品种生产试验产量性状汇总（夏玉米）

品种名称	试点名称	小区产量（千克）	亩产（千克）	位次	穗长（厘米）	穗粗（厘米）	穗行数	秃尖长（厘米）	单穗粒重（克）	百粒重（克）	穗型	轴色	粒型	粒色
京单58（CK）	蓟州	347.56	772.36	2	17.2	5.0	14.6	0.7	193.78	40.1	筒	白	半马齿	黄
	宝坻	279.58	621.31	2	18.4	5.1	14.0	0.7	163.02	39.1	锥	白	半马齿	黄
	作物所	355.3	789.6	1	20.2	5.11	15.4	0.3	175.5	36.9	锥	白	半马齿	浅黄
	科益农	300.34	667.4	3	18.2	5.0	15.2	0.5	168.80	39.5	筒	白	半马齿	黄
	玉米场	325.48	723.33	3	19.6	5.4	14.8	0.4	196.6	28.4	锥	白	马齿	黄
	神农	321.32	714.1	3	18.9	5.5	14.2	0.2	204	47.5	筒	白	硬粒	黄
	中天大地	236.62	525.82	3	19.1	5.0	12.0	0.1	119.81	38.9	筒	白	半马齿	黄
	平均	309.46	687.70		18.80	5.16	14.31	0.41	174.50	38.63				
天塔228	蓟州	337.47	749.93	3	16.7	4.9	15.4	0.9	187.09	39.2	筒	红	硬粒	橙黄
	宝坻	292.94	651.02	2	16.7	5.0	15.6	0.5	164.93	33.4	锥	紫	硬粒	橙黄
	作物所	354.04	786.8	2	18.2	5.1	16.4	0	174.8	33.2	筒	红	半硬	橙黄
	科益农	301.5	670	2	17.3	4.9	15.6	0.7	172.50	32.8	筒	红	硬粒	橙黄
	玉米场	359.14	798.13	1	16	5	16.4	1.9	132.9	26.8	筒	红	马齿	黄
	神农	334.95	744.3	2	16.5	5.1	14.6	0.8	181	39.9	筒	红	硬粒	橙
	中天大地	262.84	584.10	2	21.1	5.7	16.0	0.2	131.36	34.1	筒	红	硬粒	黄
	平均	320.41	712.04		17.50	5.10	15.71	0.71	163.51	34.20				
京品616	蓟州	360.89	801.98	1	17.5	4.9	14.6	2.0	179.57	41.0	筒	白	硬粒	橙黄
	宝坻	295.04	655.67	1	20.0	5.1	14.8	1.1	176.74	36.4	锥	白	半马齿	黄
	作物所	353.37	785.3	3	19.8	4.76	14.4	0.4	174.5	38.5	筒	白	半马齿	黄
	科益农	307.07	682.4	1	19.4	5.2	16.4	0.4	176.90	35.9	筒	白	半马齿	黄
	玉米场	334.81	744.07	2	20	5.4	13.2	0.9	232.9	38.1	筒	白	马齿	黄
	神农	363.87	808.6	1	19.8	5.3	14.8	0.3	209	45.7	筒	白	半马齿	黄
	中天大地	275.94	613.21	1	19.4	5.5	16.0	0.1	137.97	37.8	筒	白	半马齿	黄
	平均	327.28	727.32		19.41	5.17	14.89	0.74	183.94	39.06				

第十一章 2022年天津市鲜食玉米品种区域试验总结

一、试验目的

加快鲜食玉米品种在天津市的推广，满足农村种植业结构调整的需要，筛选适合天津市种植的新品种，为品种审定推广利用提供科学依据。

二、参试品种及承试单位（表11-1至表11-3）

表11-1 2022年天津市鲜食玉米品种区域试验参试品种（糯玉米A组）

序号	品种名称	选育单位
1	乾坤银糯（CK）	
2	斯达糯64	北京中农斯达农业科技开发有限公司
3	润甜糯70	天津中天润农科技有限公司
4	津糯69	天津中天润农科技有限公司
5	津黑糯529	天津农学院、 天津中天润农科技有限公司
6	津白甜糯1号	天津市农业科学院、 天津宁河区农业发展服务中心
7	美玉18号	海南绿川种苗有限公司
8	津鲜糯380	天津市农业科学院
9	永糯321	石家庄永协农业科技有限公司
10	澳银糯656	天津市南澳种子有限公司
11	嘉业68	天津市南澳种子有限公司
12	景糯307	邵景坡

表11-2 2022年天津市鲜食玉米品种区域试验参试品种（糯玉米B组）

序号	品种名称	选育单位
1	乾坤银糯（CK）	
2	冀甜糯701	河北省农林科学院粮油作物研究所
3	津白糯2号	天津市农业科学院
4	景糯398	邵景坡
5	润糯988	天津中天润农科技有限公司
6	润黑甜糯966	天津农学院、 天津中天润农科技有限公司
7	津甜糯480	天津市农作物研究所
8	冀糯177	河北省农林科学院粮油作物研究所
9	密甜糯21号	北京中农斯达农业科技开发有限公司

表 11-3 2022 年天津市鲜食玉米品种区域试验参试品种（甜玉米）

序号	品种名称	选育单位
1	万甜 2000（CK）	
2	SD802	北京中农斯达农业科技开发有限公司
3	蜜甜 18	春禾（天津）农业科技发展有限公司
4	富甜 301	镇江富华农业科技有限公司
5	玉农金甜 669	江西省玉丰种业有限公司
6	丝甜 7 号	美国丝路资源公司

承试单位：天津蓟县康恩伟泰种子有限公司、天津宝坻区农业发展服务中心、天津保农仓农业科技有限公司、天津市农作物研究所、天津中天大地科技有限公司、天津市优质农产品开发示范中心、天津中天润农科技有限公司；品尝试验安排在天津科益农农业技术有限公司。

三、试验设计

采用随机区组排列，不设重复，小区面积为 24 米²，6 行区，实收中间 4 行计产。糯玉米试验密度为 3 500 株/亩，甜玉米试验密度为 3 000 株/亩，两边设保护行。为防止花粉影响籽粒品质，每品种在计产行以外应套袋 5 穗，套袋隔离直至采摘，以备品尝。最佳采收期各试点根据实际情况确定。

四、试验执行情况

各试点均能按照试验方案实施，试验设计科学合理，执行认真，管理精细。

五、气象情况

前期低温、少雨，光照充足，长势良好；中期气温偏高，降水较多，各品种生长发育正常；6 月底至 7 月初，各点相继遭遇短时降雨伴随大风，试验田出现短时积水，造成倒伏，个别品种出现倒折，后期影响产量；生长季降水量较往年偏多。7 月，阴天多，降水量大，日照少，造成鲜食玉米灌浆期延长，鲜穗采收期适当推迟。

六、试验结果与分析

（一）糯玉米 A 组品种综述

参试品种鲜果穗亩产量范围在 1 013.3~1 169.4 千克，出苗至采收期天数为 71.6~83.7 天。各品种较对照增减产幅度为 0.31%~15.75%。其中对照乾坤银糯鲜果穗亩产 1 010.3 千克，出苗至采收期天数为 83.7 天。

各品种按增产百分比综述如下。

（1）永糯 321：第二年参加试验，平均亩产鲜果穗 1 169.4 千克，较对照增产 15.75%，增产点比率 100%，居 12 个品种第 1 位。品尝鉴定结果 88.1 分。倒伏倒折率 0。出苗至采收期 82.4 天，比对照短 1.3 天。

（2）美玉 18 号：第二年参加试验，平均亩产鲜果穗 1 091.5 千克，较对照增产 8.04%，增产点比率 85.7%，居 12 个品种第 2 位。品尝鉴定结果 88.6 分。倒伏倒折率 0。出苗至采收期 82.6 天，比对照短 1.1 天。

（3）津鲜糯 380：第二年参加试验，平均亩产鲜果穗 1 084.3 千克，较对照增产 7.32%，增产点比率 85.7%，居 12 个品种第 3 位。品尝鉴定结果 83.3 分。倒伏倒折率 0。出苗至采收期 75.9 天，比对照短 7.8 天。

（4）澳银糯 656：第二年参加试验，平均亩产鲜果穗 1 082.8 千克，较对照增产 7.18%，增产点比率 100%，居 12 个品种第 4 位。品尝鉴定结果 86.0 分。倒伏倒折率 0.2%。出苗至采收期 76.7 天，比对照短 7 天。

（5）斯达糯 64：第二年参加试验，平均亩产鲜果穗 1 074.8 千克，较对照增产 6.38%，增产点比率 71.4%，居 12 个品种第 5 位。品尝鉴定结果 85.6 分。倒伏倒折率 0。出苗至采收期 82.3 天，比对照短 1.4 天。

（6）津白甜糯 1 号：第二年参加试验，平均亩产鲜果穗 1 073.3 千克，较对照增产 6.24%，增产点比率 100%，居 12 个品种第 6 位。品尝鉴定结果 89.5 分。倒伏倒折率 0。出苗至采收期 79.0 天，比对照短 4.7 天。

（7）景糯 307：第二年参加试验，平均亩产鲜果穗 1 071.3 千克，较对照增产 6.03%，增产点比率 66.7%，居 12 个品种第 7 位。品尝鉴定结果 84 分。倒伏倒折率 10.2%。出苗至采收期 71.6 天，比对照短 13.3 天。

（8）津黑糯 529：第二年参加试验，平均亩产鲜果穗 1 066.7 千克，较对照增产 5.58%，增产点比率 71.4%，居 12 个品种第 8 位。品尝鉴定结果 87.7 分。倒伏倒折率 0。出苗至采收期 78.7 天，比对照短 5 天。

（9）津糯 69：第二年参加试验，平均亩产鲜果穗 1 020.4 千克，较对照增产 1%，增产点比率 57.1%，居 12 个品种第 9 位。品尝鉴定结果 84 分。倒伏倒折率 0。出苗至采收期 74.0 天，比对照短 9.7 天。

（10）嘉业 68：第二年参加试验，平均亩产鲜果穗 1 017.8 千克，较对照增产 0.74%，增产点比率 57.1%，居 12 个品种第 10 位。品尝鉴定结果 79.7 分。倒伏倒折率 0.2%。出苗至采收期 75.3 天，比对照短 18.4 天。

（11）润甜糯 70：第二年参加试验，平均亩产鲜果穗 1 013.4 千克，较对照增产 0.31%，增产点比率 57.1%，居 12 个品种第 11 位。品尝鉴定结果 84.1 分。倒伏倒折率 0。出苗至采收期 73.1 天，比对照短 10.6 天。

（12）乾坤银糯：对照品种，平均亩产鲜果穗 1 010.3 千克，居 12 个品种第 12 位。品尝鉴定结果 85 分。倒伏倒折率 8.9%。出苗至采收期 83.7 天。

各参试品种处理意见：根据参试品种在区试中的综合表现，推荐景糯 307、斯达糯 64、润甜糯 70、津糯 669、津黑糯 529、津白甜糯 1 号、美玉 18 号、津鲜糯 380、永糯 321、澳银糯 656、嘉业 68 参加审定。

（二）糯玉米 B 组品种综述

参试品种鲜果穗亩产量范围在 988.2~1 158.8 千克，出苗至采收期天数为 73.1~83.9 天。各品种较对照增减产幅度为−1.1%~16.0%。其中对照乾坤银糯鲜果穗亩产 999.5 千克，出苗至采收期天数为 83.9 天。

各品种按增产百分比综述如下。

（1）蜜甜糯 21 号：第一年参加试验，平均亩产鲜果穗 1 158.8 千克，较对照增产 16.0%，增产点比率 100%，居 9 个品种第 1 位。品尝鉴定结果 87.7 分。倒伏倒折率 0.3%。出苗至采收期 78.1 天，比对照短 5.8 天。

（2）润糯 988：第一年参加试验，平均亩产鲜果穗 1 145.2 千克，较对照增产 14.6%，增产点比率 100%，居 9 个品种第 2 位。品尝鉴定结果 88.8 分。倒伏倒折率 0。出苗至采收期 80.4 天，比对照短 3.5 天。

（3）景糯 398：第一年参加试验，平均亩产鲜果穗 1 120.7 千克，较对照增产 12.1%，增产点比率 85.7%，居 9 个品种第 3 位。品尝鉴定结果 87.0 分。倒伏倒折率 0。出苗至采收期 73.1 天，比对照短 10.8 天。

（4）润黑甜糯 966：第一年参加试验，平均亩产鲜果穗 1 110.0 千克，较对照增产 11.1%，增产点比率 85.7%，居 9 个品种第 4 位。品尝鉴定结果 91.3 分。倒伏倒折率 0。出苗至采收期 78.0 天，比对照短 5.9 天。

（5）津甜糯 480：第一年参加试验，平均亩产鲜果穗 1 105.5 千克，较对照增产 10.6%，增产点比率 85.7%，居 9 个品种第 5 位。品尝鉴定结果 87.7 分。倒伏倒折率 0.5%。出苗至采收期 77.4 天，比对照短 6.5 天。

（6）津白糯 2 号：第一年参加试验，平均亩产鲜果穗 1 015.4 千克，较对照增产 1.6%，增产点比率 71.4%，居 9 个品种第 6 位。品尝鉴定结果 86.5 分。倒伏倒折率 1.4%。出苗至采收期 78.3 天，比对照短 5.6 天。

（7）乾坤银糯：对照品种，平均亩产鲜果穗 999.5 千克，居 9 个品种第 7 位。品尝鉴定结果 85 分。倒伏倒折率 12.2%。出苗至采收期 83.9 天。

（8）冀甜糯 701：第一年参加试验，平均亩产鲜果穗 997.3 千克，较对照减产 0.2%，增产点比率 28.6%，居 9 个品种第 8 位。品尝鉴定结果 87.3 分。倒伏倒折率 1.4%。出苗至采收期 79.1 天，比对照短 4.8 天。

（9）冀糯177：第一年参加试验，平均亩产鲜果穗988.2千克，较对照减产1.1%，增产点比率57.1%，居9个品种第9位。品尝鉴定结果80.2分。倒伏倒折率0.2%。出苗至采收期77.4天，比对照短6.5天。

各参试品种处理意见：根据参试品种在区试中的综合表现，推荐津白糯2号、景糯398、润糯988、润黑甜糯966、津甜糯480、蜜甜糯21号参加第二年试验，其他品种停止试验。

（三）甜玉米组品种综述

参试品种鲜果穗亩产量范围在678.9~1147.0千克，出苗至采收期天数为69.0~88.6天。各品种较对照增减产幅度为-33.8%~11.91%。其中对照万甜2000鲜果穗亩产1024.9千克，出苗至采收期天数为80.1天。

各品种按增产百分比综述如下。

（1）富甜301：第一年参加试验，平均亩产鲜果穗1147.0千克，较对照增产11.91%，增产点比率85.7%，居6个品种第1位。品尝鉴定结果86.2分。倒伏倒折率0。出苗至采收期88.6天，比对照长8.5天。

（2）玉农金甜669：第一年参加试验，平均亩产鲜果穗1133.0千克，较对照增产10.55%，增产点比率100%，居6个品种第2位。品尝鉴定结果87.7分。倒伏倒折率11.5%。出苗至采收期78.9天，比对照短1.2天。

（3）SD802：第二年参加试验，平均亩产鲜果穗1094.1千克，较对照增产6.75%，增产点比率71.4%，居6个品种第3位。品尝鉴定结果86.4分。倒伏倒折率0。出苗至采收期79.4天，比对照短0.7天。

（4）蜜甜18：第二年参加试验，平均亩产鲜果穗1089.1千克，较对照增产6.26%，增产点比率85.7%，居6个品种第4位。品尝鉴定结果91.3分。倒伏倒折率0。出苗至采收期83.7天，比对照长3.6天。

（5）万甜2000：对照品种，平均亩产鲜果穗1024.9千克，居6个品种第5位。品尝鉴定结果85分。倒伏倒折率0。出苗至采收期80.1天。

（6）丝甜7号：第一年参加试验，平均亩产鲜果穗678.9千克，较对照减产33.8%，增产点比率0，居6个品种第6位。品尝鉴定结果90.2分。倒伏倒折率0。出苗至采收期69.0天，比对照短11.1天。

各参试品种处理意见：根据参试品种在区试中的综合表现，推荐SD802、蜜甜18参加审定；富甜301、玉农金甜669参加第二年试验，其他品种停止试验。

2022年鲜食玉米品种区域试验数据汇总详见附表11-1至附表11-6。

附表 11-1 2022 年天津市鲜食玉米品种区域试验产量性状汇总（糯玉米 A 组）

品种名称	试点名称	穗长（厘米）	穗粗（厘米）	秃尖长（厘米）	穗型	穗行数	行粒数	粒色	轴色	小区产量（千克）	折合亩产（千克）	比对照增减（%）	位次
乾坤银糯（CK）	蓟州	20.6	4.9	1.3	锥	13.2	44	白	白	20.69	862.1	—	11
	宝坻	21.7	4.8	1.6	长锥	13.2	43	白	白	20.86	869.2	0	11
	作物所	23.5	4.85	1.8	长锥	14	45	白	白	24.11	1004.6	0	9
	保农仓	21.8	5	1	筒	12.8	44.5	白	白	21.8	908.3	—	10
	玉米场	24.2	5.4	2.5	锥	14.4	44	白	白	25.15	1047.9	—	8
	中天大地	23.8	4.2	0.5	锥	12	45	白	白	29.22	1217.6	0	9
	中天润农	22.5	4.9	0.2	锥	14.6	45	白	白	27.9	1162.6	0	11
	平均	22.6	4.9	1.3		13.5	44.4			24.2	1010.3		
斯达糯64	蓟州	20.2	5	0.1	锥	14.6	37.6	白	白	29.3	1220.8	41.61	2
	宝坻	20.4	4.6	0	长锥	14	36.7	白	白	21.06	877.6	1	10
	作物所	21.8	4.59	0	长锥	14	44	白	白	24.28	1011.5	0.7	7
	保农仓	21	4.6	0.4	筒	14.4	40.4	白	白	21.87	911.3	0.32	9
	玉米场	21	5.2	0.3	锥	14	39.6	白	白	23.3	970.9	-7.3	11
	中天大地	21.8	4.2	0.1	锥	14	43	白	白	28.85	1202.2	-1.27	12
	中天润农	22	5.1	0	筒	14.4	44	白	白	31.9	1329.3	14.3	2
	平均	21.2	4.8	0.1		14.2	40.8			25.8	1074.8		
润甜糯70	蓟州	19	5.1	1.8	锥	16	36.4	白	白	21.56	898.3	4.2	9
	宝坻	19	4.9	1.7	长锥	16.8	34.8	白	白	18.6	775.1	-10.8	13
	作物所	20.9	5.11	1.9	长锥	17	36	白	白	24.01	1000.3	-0.4	10
	保农仓	19.4	5.1	1.8	筒	15.2	38	白	白	19.8	825	-9.17	11
	玉米场	21.6	5.5	4.2	锥	17.2	34.6	白	白	26.22	1092.7	4.3	6
	中天大地	18.6	4.8	2.2	锥	14	41	白	白	30.26	1260.9	3.56	2
	中天润农	22.5	4.9	2.2	筒	14.4	39	白	白	29.8	1241.8	6.8	6
	平均	20.1	5.1	2.3		15.8	37.1			24.3	1013.4		

（续表）

品种名称	试点名称	穗长（厘米）	穗粗（厘米）	秃尖长（厘米）	穗型	穗行数	行粒数	粒色	轴色	小区产量（千克）	折合亩产（千克）	比对照增减（%）	位次
津糯69	蓟州	19.8	4.9	1.3	锥	18	33.7	白	白	23.04	960	11.36	8
	宝坻	19.3	4.8	2.1	长锥	17.8	31.9	白	白	19.39	808	-7	12
	作物所	19.4	4.49	0.8	长筒	17.4	32	白	白	23.48	978.3	-2.6	11
	保农仓	20.4	5.2	0	锥	16.8	36.4	白	白	23	958.3	5.51	6
	玉米场	20.6	5	1.5	锥	15.6	36.8	白	白	23.77	990.5	-5.5	10
	中天大地	20.2	4.9	0.3	锥	18	36	白	白	29.44	1226.8	0.75	7
	中天润农	22.8	5	1	筒	14.8	38	白	白	29.3	1220.9	5	9
	平均	20.4	4.9	1.0		16.9	35.0			24.5	1020.4		
津黑糯529	蓟州	22.4	5.3	0.4	锥	17.6	37.1	紫	紫	26.54	1105.8	28.27	3
	宝坻	23.5	4.9	0	长锥	17.6	36.8	白	白	23.62	984.2	13.2	2
	作物所	23.3	4.99	1	长筒	18	37	黑紫	深紫	25.61	1067.2	6.2	4
	保农仓	22.6	5	0.8	锥	18.4	36.6	紫	紫	23.25	968.8	6.65	5
	玉米场	18	4	1.2	锥	17.5	37.5	紫	紫	20.01	833.7	-20.4	12
	中天大地	23.1	4.8	0.2	锥	18	38	黑	黑	29.06	1210.9	-0.55	10
	中天润农	23.5	5.2	0.5	筒	16.2	38	黑	黑	31.1	1296	11.5	3
	平均	22.3	4.9	0.6		17.6	37.3			25.6	1066.7		
景糯307	蓟州	20.9	5.3	0.4	锥	16.6	37.1	白	白	25.48	1061.7	23.15	5
	宝坻	22	5.1	0.5	长锥	19.4	37.3	白	白	22.14	922.6	6.1	7
	作物所	20.8	5.31	0	长筒	18	37	白	白	27.91	1163	15.8	1
	保农仓	22	5.4	0.6	筒	20	39	白	白	23.8	991.7	9.18	4
	玉米场	21.6	5.2	1.2	锥	19.6	34.4	白	白	24.43	1017.8	-2.9	9
	中天大地	25.3	5	0.3	锥	20	39	白	白	29.26	1219.3	0.14	8
	中天润农	20.5	5.1	0	筒	18	40	白	白	29.6	1233.4	6.1	8
	平均	21.9	5.2	0.4		18.8	37.7			26.1	1087.1		

（续表）

品种名称	试点名称	穗长（厘米）	穗粗（厘米）	秃尖长（厘米）	穗型	穗行数	行粒数	粒色	轴色	小区产量（千克）	折合亩产（千克）	比对照增减（%）	位次
津白甜糯1号	蓟州	18.9	5	0	锥	14.8	35.9	白黄	白	25.36	1056.7	22.57	6
	宝坻	19.7	4.7	0	长锥	13.8	36	白	白	22.16	923.4	6.2	6
	作物所	20.7	4.92	0	长筒	16	37	白	白	24.21	1008.7	0.4	8
	保农场	19.6	5	0	锥	14.4	36.4	白	白	22.47	936.2	3.07	8
	玉米场	22.2	5.1	0.5	锥	13.2	36.4	白	白	22.85	1112	6.1	5
	中天大地	21.8	5.1	0.1	锥	18	41	白	白	29.72	1238.4	1.71	6
	中天润农	21	5	0	筒	14.4	40	白	白	29.7	1237.6	6.4	7
	平均	20.6	5.0	0.1		14.9	37.5			25.2	1073.3		
美玉18号	蓟州	22.1	5.3	0.7	锥	17.8	44.8	黄白	白	26.06	1085.8	25.95	4
	宝坻	21.8	5	1.4	长筒	17.4	45.5	黄	白	23.75	989.7	13.9	1
	作物所	21.5	4.93	0.5	长锥	17.4	44	黄白	白	25.83	1076.2	7.1	3
	保农场	21.6	5.2	0.8	筒	18.4	43.4	黄白	白	23.85	993.8	9.4	3
	玉米场	24	5.4	2.4	锥	17.2	41.8	白	白	26.91	1121.4	7	4
	中天大地	23.2	5.2	0.4	锥	18	43	黄白	白	28.86	1202.6	-1.23	11
	中天润农	22.8	5.1	2.4	筒	18	42	白黄	白	28.1	1170.9	0.7	10
	平均	22.4	5.2	1.2		17.7	43.5			26.2	1091.5		
津鲜糯380	蓟州	21.6	5.4	0.5	锥	13.4	38.4	白	白	24.96	1040	20.64	7
	宝坻	20	5.3	1.2	长锥	16.9	34.6	白	白	22.55	939.7	8.1	4
	作物所	22.2	5.26	0	长锥	15.5	42	白	白	25.44	1059.8	5.5	5
	保农场	23.2	5.4	0.2	锥	14.4	37.4	白	白	25	1041.7	14.68	2
	玉米场	22.1	5.5	1.3	锥	15.6	36.8	白	白	25.18	1049.3	0.1	7
	中天大地	21.4	4.7	0.2	锥	12	40	白	白	27.92	1163.4	-4.45	13
	中天润农	24.1	5.1	0.5	锥	14.6	44	白	白	31.1	1295.9	11.5	3
	平均	22.1	5.2	0.6		14.6	39.0			26.0	1084.3		

（续表）

品种名称	试点名称	穗长（厘米）	穗粗（厘米）	秃尖长（厘米）	穗型	穗行数	行粒数	粒色	轴色	小区产量（千克）	折合亩产（千克）	比对照增减（%）	位次
永糯321	蓟州	21.2	5.5	0.3	锥	15.8	38.2	白	白	30.15	1 256.3	45.72	1
	宝坻	20.3	5.1	0	长锥	15.2	38.5	白	白	22.47	936.3	7.7	5
	作物所	20.8	5.14	0.1	长锥	14.5	39	白	白	26.6	1 108.3	10.3	2
	保农仓	22	5.4	0.2	锥	15.2	40.6	白	白	25.15	1 047.9	15.37	1
	玉米场	23.3	5.6	0.8	锥	15.2	36.4	白	白	29.16	1 215.2	16	2
	中天大地	22.4	5.4	0.1	锥	16	41	白	白	30.22	1 259.3	3.42	3
	中天润农	22	5	0.3	筒	14.6	42	白	白	32.7	1 362.6	17.2	1
	平均	21.7	5.3	0.3		15.2	39.4			28.1	1 169.4		
澳银糯656	蓟州	20.4	5	0.7	锥	17.4	36.4	白	白	21.52	896.7	4.01	10
	宝坻	19.7	5.1	0.7	长锥	17	36.4	白、黄	白	22.81	950.5	9.3	3
	作物所	21.8	5.15	0.2	长锥	16.8	39	白	白	25.33	1 055.4	5.1	6
	保农仓	20	4.9	0.4	锥	16	35.2	白	白	22.65	943.8	3.9	7
	玉米场	22.8	5.6	1.3	锥	17.2	37	白	白	28.8	1 219.8	16.4	1
	中天大地	21.6	4.3	0.1	锥	16	39	白	白	30.16	1 256.8	3.22	4
	中天润农	21.4	5	0	筒	16	39	白	白	30.2	1 256.7	8.1	5
	平均	21.1	5.0	0.5		16.6	37.4			25.9	1 082.8		
嘉业68	蓟州	20.4	4.7	1	锥	14.4	37.9	白	白	20.32	846.7	-1.79	12
	宝坻	20.6	4.8	0	长锥	15.2	40.4	白	白	21.76	906.7	4.3	8
	作物所	20.8	4.71	0.3	长锥	16	41	白	白	23.32	971.7	-3.3	12
	保农仓	19.2	5	0.2	锥	15.2	36.4	白	白	23	958.3	5.51	6
	玉米场	22.7	5.5	1.3	锥	14.4	38.8	白	白	24.11	1 134.5	8.3	3
	中天大地	21.2	4.4	0.3	锥	14	39	白	白	29.84	1 243.4	2.12	5
	中天润农	21.2	4.9	0	筒	14.6	38	白	白	25.5	1 063.1	-8.6	13
	平均	20.9	4.9	0.4		14.8	38.8			24.0	1 017.8		

天津市主要农作物新品种动态（2022）

附表 11-2　2022 年天津市鲜食玉米品种区域试验田间性状汇总（糯玉米 A 组）

品种名称	试点名称	出苗期(月/日)	散粉期(月/日)	吐丝期(月/日)	果穗采收期(月/日)	出苗至采收天数(天)	株高(厘米)	穗位高(厘米)	花丝色	花药色	出苗率(%)	双穗率(%)	倒伏率(%)	倒折率(%)	大斑病(级)	丝黑穗病(%)	瘤黑粉(%)	矮花叶病(%)	小斑病(级)
乾坤银糯(CK)	蓟州	5/11	7/7	7/8	8/2	83	295.4	153	浅紫	浅紫	100	0	49.2	0	1	0	4	0	1
	宝坻	5/6	7/6	7/7	7/28	83	333	167	黄	浅紫	100	2.3	0	0	1	0	0	0	1
	作物所	5/9	7/10	7/13	7/31	83	318	168	绿	紫	98.4	0	6.5	1.6	1	0	0	0	1
	保衣仓	5/18	8/7	10/7	4/8	79	305	153	绿	浅紫	99.5	8.6	0	0	1	0	0	0	1
	玉米场	4/28	7/2	7/4	7/21	84	313	155	绿	浅紫	100	30	5	0	1	0	0	0	1
	中天大地	5/17	7/17	7/19	8/10	85	283	144	青	粉	100	0	0	0	1	0	0	0	1
	中天润农	9/5	7/15	7/15	6/8	89	263	120	绿	浅紫	100	0	0	0	1	0	0	0	1
	平均					83.7	301.5	151.4			99.7	5.8	8.7	0.2	1.0	0	0.6	0	1.0
斯达糯64	蓟州	5/11	7/5	7/6	8/1	82	279.2	139.4	浅紫	浅紫	100	0	0	0	1	0	0	0	1
	宝坻	5/6	7/6	7/7	7/26	81	318	154	绿、粉	浅紫	100	4.8	0	0	1	0	0	0	1
	作物所	5/9	7/7	7/9	7/29	81	287	135	浅紫	浅紫	99.2	4.8	0	0	1	0	0.8	0	1
	保衣仓	5/18	11/7	7/17	8/8	83	250	222	浅紫	绿	90	5.3	0	0	1	0	0	0	1
	玉米场	4/28	6/30	7/3	7/21	84	286	134	浅紫	浅紫	100	30	0	0	1	0	0	0	1
	中天大地	5/17	7/16	7/18	8/3	78	267	126	红	粉	100	0	0	0	1	0	0	0	1
	中天润农	9/5	11/7	7/13	4/8	87	276	140	红	粉	100	0	0	0	1	0	0	0	1
	平均					82.3	280.5	150.1			98.5	6.4	0	0	1.0	0	0.1	0	1.0

（续表）

品种名称	试点名称	出苗期（月/日）	散粉期（月/日）	吐丝期（月/日）	果穗采收期（月/日）	出苗至采收天数（天）	株高（厘米）	穗位高（厘米）	花丝色	花药色	出苗率（%）	双穗率（%）	倒伏率（%）	倒折率（%）	大斑病（级）	丝黑穗病（%）	瘤黑粉（%）	矮花叶病（%）	小斑病（级）
润甜糯70	蓟州	5/11	6/29	6/30	7/21	71	240.8	99.8	浅紫	浅紫	99.2	0	0	0	1	0	0	0	1
	宝坻	5/6	6/28	6/29	7/20	75	275	121	紫	黄	100	0	0	0	1	0	0	0	1
	作物所	5/9	6/28	6/30	7/20	72	256	103	紫	浅紫	98.4	2.4	0	0	1	0	0	0	1
	保农仓	5/18	1/7	2/7	7/25	69	253	110	浅紫	绿	100	0	0	0	1	0	0	0	1
	玉米场	4/28	6/23	6/24	7/14	77	269	105	浅紫	绿	100	10	0	0	1	0	0	0	1
	中天大地	5/16	7/7	7/6	7/25	70	224	84	青	黄	100	0	0	0	1	0	0	0	1
	中天润农	9/5	3/7	4/7	7/26	78	234	85	红	黄	100	0	0	0	1	0	0	0	1
	平均					73.1	250.3	101.1			99.7	1.8	0	0	1.0	0	0	0	1.0
津糯69	蓟州	5/11	6/27	6/29	7/21	71	215.6	102	浅紫	浅紫	98.4	0	0	0	1	0	0	0	1
	宝坻	5/6	6/27	6/30	7/22	77	278	112	黄	粉	100	0	0	0	1	0	0	0	1
	作物所	5/9	6/29	6/30	7/21	73	241	71	浅紫	紫	99.2	1.6	0	0	1	0	0	0	1
	保农仓	5/18	6/29	1/7	7/26	70	255	86	浅紫	粉	99.6	0	0	0	1	0	0	0	1
	玉米场	4/28	6/23	6/25	7/14	77	254	80	浅紫	紫	100	20	0	0	1	0	0	0	1
	中天大地	5/17	7/7	7/9	7/28	73	202	65	青	粉	100	0	0	0	1	0	0	0	1
	中天润农	9/5	2/7	3/7	7/25	77	224	70	浅紫	浅紫	100	0	0	0	1	0	0	0	1
	平均					74.0	238.5	83.7			99.6	3.1	0	0	1.0	0	0	0	1.0

（续表）

品种名称	试点名称	出苗期(月/日)	散粉期(月/日)	吐丝期(月/日)	果穗采收期(月/日)	出苗至采收天数(天)	株高(厘米)	穗位高(厘米)	花丝色	花药色	出苗率(%)	双穗率(%)	倒伏率(%)	倒折率(%)	大斑病(级)	丝黑穗病(%)	瘤黑粉(%)	矮花叶病(%)	小斑病(级)
津黑糯529	蓟州	5/11	7/1	7/4	7/28	78	281.8	135.8	浅紫	紫	97.6	0	0	0	1	0	0	0	1
	宝坻	5/8	7/3	7/4	7/25	78	351	153	黄	深紫	100	0	0	0	1	0	0	0	1
	作物所	5/9	7/4	7/6	7/27	79	300	133	绿	紫	97.6	0	0	0	1	0	0	0	1
	保农仓	5/19	5/7	7/7	1/8	75	267	119	绿	浅紫	99.5	0	0	0	1	0	0	0	1
	玉米场	4/28	6/29	6/30	7/17	80	302	137	浅紫	深紫	100	90	0	0	1	0	0	0	1
	中天大地	5/17	7/15	7/17	8/3	78	252	100	青	紫	100	0	0	0	1	0	0	0	1
	中天润农	9/5	8/7	9/7	7/31	83	271	130	红	紫	100	0	0	0	1	0	0	0	1
	平均					78.7	289.3	129.7			99.2	12.9	0	0	1.0	0	0	0	1.0
景糯307	蓟州	5/11	7/3	7/4	7/28	78	292.8	138	浅紫	紫	100	0	0	0	1	0	0	0	1
	宝坻	5/8	7/4	7/8	7/26	79	332	158	绿	深紫	100	0	0	0	1	0	0	0	1
	作物所	5/9	7/6	7/8	7/29	81	307	135	绿	紫	97.6	0	0	0	1	0	0	0	1
	保农仓	5/18	8/7	9/7	3/8	78	304	135	紫	浅紫	99	0	0	0	1	0	0	0	1
	玉米场	4/28	6/29	6/30	7/17	80	297	128	紫	紫	100	12	0	0	1	0	0	0	1
	中天大地	5/19	7/8	7/19	8/6	79	261	107	红	紫	100	0	0	0	1	0	0	0	1
	中天润农	9/5	11/7	12/7	3/8	86	263	113	浅紫	浅紫	100	0	0	0	1	0	0	0	1
	平均					80.1	293.8	130.6			99.5	1.7	0	0	1.0	0	0	0	1.0

（续表）

品种名称	试点名称	出苗期（月/日）	散粉期（月/日）	叶丝期（月/日）	果穗采收期（月/日）	出苗至采收天数（天）	株高（厘米）	穗位高（厘米）	花丝色	花药色	出苗率（%）	双穗率（%）	倒伏率（%）	倒折率（%）	大斑病（级）	丝黑穗病（%）	瘤黑粉（%）	矮花叶病（%）	小斑病（级）
津白甜糯1号	蓟州	5/11	7/3	7/4	7/26	76	287	141.4	绿	浅紫	100	0	0	0	1	0	0	0	1
	宝坻	5/6	7/4	7/5	7/24	79	304	145	绿	黄	100	8.3	0	0	1	0	0	0	1
	作物所	5/9	7/6	7/8	7/27	79	291	136	绿	浅紫	100	1.6	0	0	1	0	0	0	1
	保农仓	5/18	8/7	8/7	7/30	74	292	147	绿	绿	99.5	7.9	0	0	1	0	0	0	1
	玉米场	4/28	6/29	6/30	7/17	80	291	124	绿	绿	100	30	0	0	1	0	0	0	1
	中天大地	5/18	7/18	7/20	8/6	80	264	106	青	黄	100	0	0	0	1	0	0	0	1
	中天润农	9/5	11/7	11/7	2/8	85	245	108	绿	黄	100	0	0	0	1	0	0	0	1
	平均					79.0	282.0	129.6			99.9	6.8	0	0	1.0	0	0	0	1.0
美玉18号	蓟州	5/11	7/6	7/8	8/1	82	311.4	134.6	绿	紫	100	0	0	0	1	0	29.4	0	1
	宝坻	5/6	7/3	7/8	7/28	83	352	165	黄	黑紫	100	0	0	0	1	0	4.8	0	1
	作物所	5/9	7/6	7/9	7/29	81	330	138	绿	深紫	100	0	0	0	1	0	0.8	0	1
	保农仓	5/18	6/7	10/7	4/8	79	323	130	绿	深紫	100	0	0	0	1	0	0	0	1
	玉米场	4/28	6/29	7/3	7/21	84	345	152	绿	深紫	100	10	0	0	1	0	0	0	1
	中天大地	5/17	7/19	7/21	8/6	81	284	103	青	紫	100	0	0	0	1	0	0	0	1
	中天润农	9/5	12/7	7/14	5/8	88	298	130	绿	紫	100	0	0	0	1	0	0	0	1
	平均					82.6	320.5	136.1			100.0	1.4	0	0	1.0	0	5.0	0	1.0

（续表）

品种名称	试点名称	出苗期（月/日）	散粉期（月/日）	吐丝期（月/日）	果穗采收期（月/日）	出苗至采收天数（天）	株高（厘米）	穗位高（厘米）	花丝色	花药色	出苗率（%）	双穗率（%）	倒伏率（%）	倒折率（%）	大斑病（级）	丝黑穗病（%）	瘤黑粉（%）	矮花叶病（%）	小斑病（级）
洋鲜糯380	蓟州	5/11	6/28	7/1	7/25	75	254.4	128.6	浅紫	浅紫	99.2	0	0	0	1	0	0	0	1
	宝坻	5/6	6/27	6/30	7/22	77	268	132	黄	浅紫	100	0	0	0	1	0	0	0	1
	作物所	5/9	7/1	7/3	7/22	74	260	120	绿	紫	100	0.8	0	0	1	0	0	0	1
	保农仓	5/17	6/30	4/7	1/8	77	257	130	绿	浅紫	100	0	0	0	1	0	0	0	1
	玉米场	4/28	6/23	6/25	7/14	77	262	114	浅紫	紫	100	25	0	0	1	0	0	0	1
	中天大地	5/17	7/8	7/10	7/28	73	282	101	青	粉	100	0	0	0	1	0	0	0	1
	中天润农	9/5	2/7	4/7	7/26	78	249	112	绿	浅紫	100	0	0	0	1	0	0	0	1
	平均					75.9	261.8	119.7			99.9	3.7	0	0	1.0	0	0	0	1.0
永糯321	蓟州	5/11	7/5	7/6	8/1	82	228.6	104.8	浅紫	浅紫	96	0	0	0	1	0	0	0	1
	宝坻	5/8	7/5	7/7	7/27	80	251	115	黄	浅紫	100	0	0	0	1	0	0	0	1
	作物所	5/9	7/7	7/8	7/29	81	251	115	浅紫	紫	95.2	5	0	0	1	0	0.8	0	3
	保农仓	5/19	8/7	9/7	2/8	76	256	123	浅紫	浅紫	100	0	0	0	1	0	0	0	1
	玉米场	4/28	7/3	7/3	7/21	84	247	112	绿	浅紫	100	38	0	0	1	0	0	0	1
	中天大地	5/16	7/20	7/21	8/10	86	205	77	青	粉	100	0	0	0	1	0	0	0	1
	中天润农	9/5	7/14	7/14	5/8	88	253	123	红	粉	100	0	0	0	1	0	0	0	1
	平均					82.4	241.7	110.0			98.7	6.1	0	0	1.0	0	0.1	0	1.3

（续表）

品种名称	试点名称	出苗期(月/日)	散粉期(月/日)	吐丝期(月/日)	果穗采收期(月/日)	出苗至采收天数(天)	株高(厘米)	穗位高(厘米)	花丝色	花药色	出苗率(%)	双穗率(%)	倒伏率(%)	倒折率(%)	大斑病(级)	丝黑穗病(%)	瘤黑粉(%)	矮花叶病(%)	小斑病(级)
澳银糯656	蓟州	5/11	6/29	6/30	7/21	71	232.2	108.2	绿	浅紫	100	0	0	0	1	0	2.4	0	1
	宝坻	5/6	6/30	7/3	7/22	77	265	116	绿	黄	100	0	0	0	1	0	0	0	1
	作物所	5/9	7/4	7/5	7/24	76	243	109	绿	绿	98.4	0	0	0	1	0	0.8	0	1
	保农仓	5/18	1/7	6/7	7/29	73	237	105	绿	绿	98.6	1.5	0	0	1	0	0	0	1
	玉米场	4/28	6/26	6/28	7/17	80	238	110	绿	绿	100	15	0	0	1	0	0	0	1
	中天大地	5/17	7/11	7/13	8/5	80	201	79	青	黄	100	0	0	1.6	1	0	0	0	1
	中天润农	9/5	5/7	6/7	7/28	80	254	99	绿	黄	100	0	0	0	1	0	0	0	1
	平均					76.7	238.6	103.7			99.6	2.4	0	0.2	1.0	0	0.5	0	1.0
嘉业68	蓟州	5/11	6/29	6/30	7/21	71	241	101.6	浅紫	浅紫	98.4	0	0	0	1	0	0	0	1
	宝坻	5/6	6/29	7/1	7/22	77	259	118	绿	浅紫	100	0	0	0	1	0	0	0	1
	作物所	5/9	7/1	7/3	7/22	74	238	94	绿	紫	99.2	0	0	0	1	0	0	0	1
	保农仓	5/18	1/7	3/7	7/28	72	230	83	绿	浅紫	99	4.4	0	0	1	0	0	0	1
	玉米场	4/28	6/25	6/27	7/17	80	256	107	绿	紫	100	56	0	0	1	0	0	0	1
	中天大地	5/17	7/8	7/9	7/28	73	220	92	青	粉	100	0	1.6	1.6	1	0	1.6	0	1
	中天润农	9/5	5/7	6/7	7/28	80	220	89	绿	浅紫	100	0	0	0	1	0	0	0	1
	平均					75.3	237.7	97.8			99.5	8.6	0	0.2	1.0	0	0.2	0	1.0

附表11-3 2022年天津市鲜食玉米品种区域试验产量性状汇总（糯玉米B组）

品种名称	试点名称	穗长（厘米）	穗粗（厘米）	秃尖长（厘米）	穗型	穗行数	行粒数	粒色	轴色	小区产量（千克）	折合亩产（千克）	位次
乾坤银糯（CK）	蓟州	22.2	5	0.7	锥	12.8	47.4	白	白	17.49	728.8	9
	宝坻	21.8	4.8	1.4	长锥	13.6	43.9	白	白	20.43	851.3	5
	作物所	23.5	4.85	1.8	锥	14	45	白	白	23.76	990.2	7
	保农仓	21.4	4.9	1.4	锥	13.2	41.1	白	白	22.32	930	8
	玉米场	24.2	5.4	2.5	锥	14.4	44	白	白	25.15	1 047.9	6
	中天大地	23.8	4.2	0.5	锥	12	45	白	白	30.16	1 256.8	8
	中天润农	21.5	5	0.4	锥	14.6	45	白	白	28.6	1 191.8	7
	平均	22.6	4.9	1.2		13.5	44.5			24.0	999.5	
冀甜糯701	蓟州	20.1	5	0.4	锥	16	40	白黄	白	25.48	1 061.8	6
	宝坻	20.8	4.7	1.8	长锥	15.6	35.8	白，紫	白	18.6	775.1	7
	作物所	20.8	4.81	0	锥	17	41	白	白	22.48	936.8	9
	保农仓	20.2	5	1	锥	15.6	38.6	紫白	白	23.15	964.6	6
	玉米场	21.7	4.8	2.3	锥	14.4	37	白	白	20.46	852.6	7
	中天大地	22.2	4.9	0.3	锥	14	45	彩	白	29.36	1 223.4	9
	中天润农	22.3	4.7	1	筒	14.8	43	白彩	白	28	1 166.8	9
	平均	21.2	4.8	1.0		15.3	40.1			23.9	997.3	
津白糯2号	蓟州	20	4.9	0.3	锥	14	34.8	白	白	21.29	887.2	8
	宝坻	19.8	4.7	0.8	筒	14	35.8	白	白	18.78	782.6	6
	作物所	21.8	4.73	0	锥	14	40	白	白	24.5	1 021	6
	保农仓	20.8	4.9	1.2	筒	14.8	37	白	白	23.25	968.8	5
	玉米场	21.2	4.9	0.9	锥	14	38	白	白	20.08	836.5	8
	中天大地	22.2	4.7	0.4	锥	14	41	白	白	31.18	1 299.3	4
	中天润农	21.5	4.8	0	筒	14	45	白	白	31.5	1 312.6	4
	平均	21.0	4.8	0.5		14.1	38.8			24.4	1 015.4	

（续表）

品种名称	试点名称	穗长（厘米）	穗粗（厘米）	秃尖长（厘米）	穗型	穗行数	行粒数	粒色	轴色	小区产量（千克）	折合亩产（千克）	位次
景糯398	蓟州	23.2	5.3	2.2	锥	15.6	37.5	白	白	28.8	1 200.1	1
	宝坻	20.1	5.1	2.1	长锥	17.4	31.4	白	白	15.76	656.7	9
	作物所	22.1	5.08	2	筒	16.5	39	白	白	25.17	1 048.9	5
	保农仓	22.4	5.4	0.8	筒	15.6	40.2	白	白	26.05	1 085.4	3
	玉米场	20.5	5.5	2.7	锥	15.2	34.6	白	白	26.21	1 092	4
	中天大地	25.1	4.9	1.9	锥	16	40	白	白	32.92	1 371.8	2
	中天润农	20.2	5	1.4	筒	14.6	40	白	白	33.4	1 390	2
	平均	21.9	5.2	1.9		15.8	37.5			26.9	1 120.7	
润糯988	蓟州	21.1	5.3	0.3	锥	15.4	37.8	白	白	25.54	1 064.3	5
	宝坻	20.5	5	1.1	长锥	15.2	34.5	白	白	20.57	857.2	4
	作物所	22	5.16	0.1	筒	15.4	38	白	白	27.07	1 127.9	2
	保农仓	21.4	5	0.6	锥	15.6	37.2	白	白	23.8	991.7	4
	玉米场	23.6	5.6	1.1	锥	14.8	37.4	白	白	27.42	1 142.4	2
	中天大地	27.2	5.2	0.1	锥	16	39	白	白	33.28	1 386.8	1
	中天润农	22.5	5.5	0	筒	16.2	40	白	白	34.7	1 446	1
	平均	22.6	5.3	0.5		15.5	37.7			27.5	1 145.2	
润黑甜糯966	蓟州	21.2	5.3	0.1	锥	16.8	38	紫	紫	25.95	1 081.3	4
	宝坻	21.6	5.1	0.5	筒	17.8	34.2	紫	紫	22.63	943	2
	作物所	21.3	5.45	0	筒	18	37	紫	紫	26.64	1 110.1	3
	保农仓	19.8	5.4	0	筒	17.6	35.2	紫	紫	21.75	906.3	9
	玉米场	21.9	5.7	1.9	锥	17.2	38	紫	紫	28.04	1 168.3	1
	中天大地	21.3	5.5	0.1	锥	16	39	黑	黑	30.76	1 281.8	5
	中天润农	20	5.3	0.2	筒	16.2	40	黑	黑	30.7	1 279.3	5
	平均	21.0	5.4	0.4		17.1	37.3			26.6	1 110.0	

（续表）

品种名称	试点名称	穗长（厘米）	穗粗（厘米）	秃尖长（厘米）	穗型	穗行数	行粒数	粒色	轴色	小区产量（千克）	折合亩产（千克）	位次
津甜糯480	蓟州	19.1	5.4	1.5	锥	15.2	36.8	白	白	26.01	1 083.8	3
	宝坻	18.9	5.2	1.9	长锥	16.6	33.6	白、黄	白	21.16	881.7	3
	作物所	22	5.18	0.7	筒	15.4	41	白	白	27.82	1 159.3	1
	保农仓	20	5.4	1	筒	15.6	38	白	白	26.4	1 100	1
	玉米场	20.4	5.7	1.8	锥	16	34	白	白	25.8	1 075.2	5
	中天大地	20.2	5.4	1.2	锥	18	38	白	白	30.22	1 259.3	7
	中天润农	20.3	4.8	0	筒	16	43	白	白	28.3	1 179.3	8
	平均	20.1	5.3	1.2		16.1	37.8			26.5	1 105.5	
冀糯177	蓟州	18.2	5	0.2	锥	16.8	33.9	紫	紫	23.57	982.2	7
	宝坻	18.7	4.7	0.7	长锥	16.4	31.4	黑紫	紫	18.21	758.8	8
	作物所	20	4.67	0	筒	16	38	黑紫	深紫	22.61	942.1	8
	保农仓	19.6	4.7	1.2	筒	14.4	37.8	紫	紫	22.7	945.8	7
	玉米场	19.3	5	3	锥	16	27.2	紫	紫	18.68	778.4	9
	中天大地	21.3	4.8	1.4	锥	16	39	黑	黑	30.44	1 268.4	6
	中天润农	20.2	4.8	0.5	长锥	14.6	40	黑	黑	29.8	1 241.8	6
	平均	19.6	4.8	1.0		15.7	35.3			23.7	988.2	
蜜甜糯21号	蓟州	19.3	5.1	1.8	锥	16.6	37.7	白	白	26.78	1 115.9	2
	宝坻	20.9	5	0.6	长锥	15.6	42.8	白、黄	白	23.83	993	1
	作物所	21.3	5	0	锥	16.5	41	白	白	25.92	1 079.8	4
	保农仓	23	5.3	1	锥	16.4	41.8	白	白	26.15	1 089.6	2
	玉米场	22	5.5	2.4	锥	16.8	40	白	白	27.15	1 131.2	3
	中天大地	20.6	5	1.2	锥	16	44	白	白	32.04	1 335.1	3
	中天润农	21.3	4.8	0.2	筒	14.6	46	白	白	32.8	1 366.8	3
	平均	21.2	5.1	1.0		16.1	41.9			27.8	1 158.8	

附表 11-4 2022 年天津市鲜食玉米品种区域试验田间性状汇总（糯玉米 B 组）

品种名称	试点名称	出苗期(月/日)	散粉期(月/日)	吐丝期(月/日)	果穗采收期(月/日)	出苗至采收天数(天)	株高(厘米)	穗位高(厘米)	花丝色	花药色	出苗率(%)	双穗率(%)	倒伏率(%)	倒折率(%)	大斑病(级)	丝黑穗病(%)	瘤黑粉(%)	矮花叶病(%)	小斑病(级)
乾坤银糯(CK)	蓟州	5/10	7/8	7/10	8/2	84	297	155.3	浅紫	浅紫	100	0	70	0	1	0	5.6	0	1
	宝坻	5/6	7/6	7/7	7/28	83	332	166	黄	浅紫	100	2.4	0	0	1	0	0	0	1
	作物所	5/9	7/10	7/13	7/31	83	318	168	绿	紫	98.4	2.4	8.9	1.6	1	0	0	0	1
	保农仓	5/18	8/7	10/7	4/8	79	303	151	绿	浅紫	99.6	5.2	0	0	1	0	0	0	1
	玉米场	4/28	7/2	7/4	7/21	84	313	155	绿	浅紫	100	30	5	0	1	0	0	0	1
	中天大地	5/17	7/17	7/19	8/10	85	283	144	青	粉	100	0	0	0	1	0	0	0	1
	中天润农	9/5	7/15	7/15	6/8	89	272	130	绿	浅紫	100	0	0	0	1	0	0	0	1
	平均					83.9	302.6	152.8			99.7	5.7	12.0	0.2	1.0	0	0.8	0	1.0
冀甜糯701	蓟州	5/10	7/11	7/6	7/28	79	239.4	103.8	绿	浅紫	99.2	0	0	0	1	0	0	0	1
	宝坻	5/6	6/30	7/4	7/26	81	253	110	黄	紫	100	0	0	0	1	0	0	0	1
	作物所	5/9	7/4	7/6	7/25	77	245	99	绿	浅紫	98.4	2.4	0	0	1	0	0	0	1
	保农仓	5/18	3/7	8/7	2/8	77	237	97	绿	浅紫	100	0	0	0	1	0	0	0	1
	玉米场	4/28	6/26	6/29	7/17	80	239	95	绿	紫	100	69	0	0	1	0	0	0	1
	中天大地	5/17	7/11	7/13	8/3	78	232	77	青	粉	100	0	0	0	1	0	0	0	1
	中天润农	9/5	8/7	8/7	7/30	82	242	114	绿	浅紫	100	0	0	0	1	0	0	0	1
	平均					79.1	241.1	99.4			99.7	10.2	0	0	1.0	0	0	0	1.0

（续表）

品种名称	试点名称	出苗期（月/日）	散粉期（月/日）	吐丝期（月/日）	果穗采收期（月/日）	出苗至采收天数（天）	株高（厘米）	穗位高（厘米）	花丝色	花药色	出苗率（%）	双穗率（%）	倒伏率（%）	倒折率（%）	大斑病（级）	丝黑穗病（%）	瘤黑粉（%）	矮花叶病（%）	小斑病（级）
津白糯2号	蓟州	5/10	7/1	7/4	7/28	79	250.6	112.6	浅紫	浅紫	98.4	0	10	0	1	0	0	0	1
	宝坻	5/6	7/1	7/4	7/25	80	268	116	绿	浅紫	100	0	0	0	1	0	0	0	1
	作物所	5/9	7/4	7/6	7/27	79	261	102	绿	浅紫	100	0	0	0	1	0	0	0	1
	保农仓	5/18	2/7	6/7	7/31	75	258	104	绿	浅紫	99.5	0	0	0	1	0	0	0	1
	玉米场	4/28	6/20	6/21	7/14	77	253	98	浅紫	绿	100	46	0	0	1	0	0	0	1
	中天大地	5/18	7/6	7/7	8/1	75	247	85	青	粉	100	0	0	0	1	0	0	0	1
	中天润农	9/5	7/7	9/7	7/31	83	255	98	绿	黄	100	0	0	0	1	0	0	0	1
	平均					78.3	256.1	102.2			99.7	6.6	1.4	0	1.0	0	0	0	1.0
景糯398	蓟州	5/10	6/28	6/29	7/21	72	225.8	96.4	浅紫	浅紫	100	0	0	0	1	0	0	0	1
	宝坻	5/6	6/25	6/27	7/20	75	252	98	黄	黄	100	0	0	0	1	0	0	0	1
	作物所	5/9	6/27	6/29	7/19	71	214	80	绿	绿	100	0	0	0	1	0	0	0	1
	保农仓	5/18	6/28	2/7	7/27	71	226	90	绿	绿	99.8	0.8	0	0	1	0	0	0	1
	玉米场	4/28	6/24	6/24	7/14	77	220	87	绿	绿	100	2.3	0	0	1	0	0	0	1
	中天大地	5/17	7/4	7/6	7/25	69	205	84	青	黄	100	3	0	0	1	0	0	0	1
	中天润农	9/5	3/7	3/7	7/25	77	218	79	绿	黄	100	0	0	0	1	0	0	0	1
	平均					73.1	223.0	87.8			100.0	0.9	0	0	1.0	0	0	0	1.0

（续表）

品种名称	试点名称	出苗期(月/日)	散粉期(月/日)	叶丝期(月/日)	果穗采收期(月/日)	出苗至采收天数(天)	株高(厘米)	穗位高(厘米)	花丝色	花药色	出苗率(%)	双穗率(%)	倒伏率(%)	倒折率(%)	大斑病(级)	丝黑穗病(%)	瘤黑粉(%)	矮花叶病(%)	小斑病(级)
润糯988	蓟州	5/10	7/4	7/7	8/1	83	263.4	116.8	浅紫	浅紫	92.3	0	0	0	1	0	0	0	1
	宝坻	5/8	7/4	7/6	7/26	79	262	116	黄	紫	100	0	0	0	1	0	0	0	1
	作物所	5/9	7/6	7/7	7/29	81	263	97	浅紫	紫	98.4	0	0	0	1	0	0	0	1
	保农仓	5/18	8/7	9/7	2/8	77	249	104	浅紫	浅紫	99.9	0	0	0	1	0	0	0	1
	玉米场	4/28	6/29	6/30	7/17	80	257	98	紫	紫	100	70	0	0	1	0	0	0	1
	中天大地	5/17	7/14	7/16	8/4	79	228	67	青	黄	100	0	0	0	1	0	0	0	1
	中天润农	9/5	9/7	10/7	1/8	84	240	88	绿	浅紫	100	0	0	0	1	0	0	0	1
	平均					80.4	251.8	98.1			98.7	10.0	0	0	1.0	0	0	0	1.0
润黑甜糯966	蓟州	5/10	6/27	6/30	7/25	76	230	91.6	绿	紫	100	0	0	0	1	0	0	0	1
	宝坻	5/8	6/29	7/2	7/25	78	247	108	黄	紫	100	0	0	0	1	0	0	0	1
	作物所	5/9	7/3	7/5	7/24	76	244	70	绿	紫	94.4	0.8	0	0	1	0	0	0	1
	保农仓	5/19	6/30	6/7	7/31	74	230	86	绿	深紫	100	1.5	0	0	1	0	0	0	1
	玉米场	4/28	6/26	6/27	7/17	80	242	93	浅紫	深紫	100	78	0	0	1	0	0	0	1
	中天大地	5/19	7/7	7/9	8/8	81	228	84	青	粉	100	0	0	0	1	0	0.8	0	1
	中天润农	9/5	4/7	7/7	7/29	81	223	84	绿	紫	100	0	0	0	1	0	0	0	1
	平均					78.0	234.9	88.1			99.2	11.5	0	0	1.0	0	0.1	0	1.0

（续表）

品种名称	试点名称	出苗期（月/日）	散粉期（月/日）	吐丝期（月/日）	果穗采收期（月/日）	出苗至采收天数（天）	株高（厘米）	穗位高（厘米）	花丝色	花药色	出苗率（%）	双穗率（%）	倒伏率（%）	倒折率（%）	大斑病（级）	丝黑穗病（%）	瘤黑粉（%）	矮花叶病（%）	小斑病（级）
洋甜糯480	蓟州	5/10	6/27	6/30	7/25	76	224.8	113.8	绿	浅紫	100	0	0	0	1	0	0	0	1
	宝坻	5/6	6/29	7/2	7/24	79	258	124	黄	浅粉	100	0	0	0	1	0	0	0	1
	作物所	5/9	7/4	7/5	7/25	77	236	103	绿	浅紫	100	0	0	0	1	0	0	0	1
	保农仓	5/17	1/7	4/7	7/29	74	215	111	绿	浅紫	100	0	0	0	1	0	0	0	1
	玉米场	4/28	6/26	6/26	7/17	80	224	102	绿	浅紫	100	3	0	0	1	0	0	0	1
	中天大地	5/17	7/8	7/10	8/1	76	210	92	青	粉	100	0	0	3.2	1	0	0	0	1
	中天润农	9/5	4/7	6/7	7/28	80	205	103	绿	浅紫	100	0	0	0	1	0	0	0	1
	平均					77.4	224.7	107.0			100.0	0.4	0	0.5	1.0	0	0	0	1
冀糯177	蓟州	5/10	6/30	7/2	7/26	77	289.8	124.4	绿	绿	97.6	0	0	0	1	0	0	0	1
	宝坻	5/6	6/30	7/3	7/24	79	301	134	黄	黄	100	0	0	0	1	0	0	0	1
	作物所	5/9	7/4	7/5	7/24	76	310	123	绿	绿	99.2	0.8	0	0	1	0	0	0	1
	保农仓	5/18	4/7	7/5	1/8	76	300	127	绿	绿	100	1.5	0	0	1	0	0.8	0	1
	玉米场	4/28	6/25	7/7	7/14	77	292	117	绿	绿	100	20	0	0	1	0	0	0	1
	中天大地	5/18	7/13	7/15	8/1	75	274	104	红	黄	100	0	1.6	0	1	0	0	0	1
	中天润农	9/5	7/7	8/7	7/30	82	262	90	绿	黄	100	0	0	0	1	0	0	0	1
	平均					77.4	289.8	117.1			99.5	3.2	0.2	0	1.0	0	0.1	0	1

（续表）

品种名称	试点名称	出苗期（月/日）	散粉期（月/日）	吐丝期（月/日）	果穗采收期（月/日）	出苗至采收天数（天）	株高（厘米）	穗位高（厘米）	花丝色	花药色	出苗率（%）	双穗率（%）	倒伏率（%）	倒折率（%）	大斑病（级）	丝黑穗病（%）	瘤黑粉（%）	矮花叶病（%）	小斑病（级）
蜜甜糯21号	蓟州	5/10	6/30	7/3	7/25	76	281.8	127.4	绿	绿	98.4	0	0	0	1	0	0	0	1
	宝坻	5/6	6/28	7/2	7/25	80	312	142	黄	黄	100	0	0	0	1	0	0	0	1
	作物所	5/9	7/3	7/6	7/25	77	276	118	绿	绿	100	2.4	0	0	1	0	0	0	1
	保农仓	5/18	6/30	6/7	7/31	75	271	108	绿	绿	99.5	0	0	0	1	0	0	0	1
	玉米场	4/28	6/25	6/27	7/17	80	288	116	绿	绿	100	5	0	0	1	0	0	0	1
	中天大地	5/17	7/7	7/9	8/4	79	258	114	青	黄	100	0	0	2.4	1	0	2.4	0	1
	中天润农	9/5	4/7	6/7	7/28	80	255	105	绿	黄	100	0	0	0	1	0	0	0	1
	平均					78.1	277.4	118.6			99.7	1.1	0	0.3	1.0	0	0.3	0	1

附表11-5 2022年天津市鲜食玉米品种区域试验产量性状汇总（甜玉米）

品种名称	试点名称	穗长（厘米）	穗粗（厘米）	秃尖长（厘米）	穗型	穗行数	行粒数	粒色	轴色	小区产量（千克）	折合亩产（千克）	比对照增减（%）	位次
万甜2000（CK）	蓟州	19.5	5.6	2.4	锥	19.2	39.8	黄	白	22.56	940	—	3
	宝坻	21.2	5.2	3.4	长筒	17.8	36.4	橘黄	白	20.79	866.3	0	5
	作物所	22	5.33	3.5	粗锥	19.4	40	黄	白	23.13	963.9	0	5
	保农仓	21	5.6	2.6	筒	18.4	38	黄	白	24.4	1 016.7	—	5
	玉米场	20.6	5.1	2.1	锥	18.8	36.8	黄	白	21.13	880.6	0	5
	中天大地	22.1	5.4	4.2	锥	16	36	黄	白	29.36	1 223.4	0	4
	中天润农	22.9	5.6	2.2	筒	18.4	42	黄	白	30.8	1 283.4	0	4
	平均	21.3	5.4	2.9		18.3	38.4			24.6	1 024.9		

（续表）

品种名称	试点名称	穗长（厘米）	穗粗（厘米）	秃尖长（厘米）	穗型	穗行数	行粒数	粒色	轴色	小区产量（千克）	折合亩产（千克）	比对照增减（%）	位次
SD802	蓟州	19	5.6	0.2	锥	18.8	40.8	黄	白	27.36	1 140	21.28	1
	宝坻	19.2	5.5	0	长筒	19.4	41.6	黄	白	22.32	930.1	7.4	1
	作物所	20.2	5.13	0	筒	19.2	47	黄	白	25.01	1 042.2	8.1	3
	保农仓	19.8	5.4	0.6	筒	20.4	45.2	黄	白	29.2	1 216.7	19.67	1
	玉米场	18.8	5.1	1.8	锥	19.6	41.6	黄	白	24.19	1 008	14.5	3
	中天大地	19.1	5.1	0.1	锥	18	42	黄	白	29.22	1 217.6	-0.48	5
	中天润农	19.8	5.2	0.2	筒	18.4	42	黄	白	26.5	1 104.3	-14	5
	平均	19.4	5.3	0.4		19.1	42.9			26.3	1 094.1		
蜜甜18	蓟州	22.3	4.9	1.4	锥	16.4	47.5	黄	白	21.14	880.8	-6.29	5
	宝坻	20.4	4.5	1.7	长锥	17	44.1	黄	白	21.41	892.2	3	3
	作物所	21.1	4.79	0.5	筒	18.4	47	黄	白	23.16	964.9	0.1	4
	保农仓	21.4	5	1.2	筒	18.4	44.2	黄	白	26.45	1 102.1	8.4	4
	玉米场	24.2	5.4	1.1	锥	18	46.8	黄	白	26.26	1 094.1	24.2	2
	中天大地	22.5	4.8	2	锥	16	45	黄	白	32.14	1 339.3	9.47	2
	中天润农	22.3	5.3	0.4	锥	16.8	43	黄	白	32.4	1 350.1	5.2	3
	平均	22.0	5.0	1.2		17.3	45.4			26.1	1 089.1		
富甜301	蓟州	23.1	5.1	0.9	筒	18	45.3	黄	白	21.81	908.8	-3.32	4
	宝坻	20.4	4.9	1.4	长锥	17.6	43	黄	白	20.97	873.8	0.9	4
	作物所	21.5	5.12	0.2	筒	18.6	44	黄	白	26.38	1 099	14	1
	保农仓	22.6	5.2	1.2	筒	16.4	39.6	黄	白	26.8	1 116.7	9.84	3
	玉米场	25.4	5.2	0.6	锥	18	44.2	黄	白	29.38	1 224.3	39	1
	中天大地	23.4	5.5	0.8	锥	14	47	黄	白	31.24	1 301.8	6.4	3
	中天润农	23.2	5.5	2.3	筒	16	44	黄	白	36.1	1 504.3	17.2	1
	平均	22.8	5.2	1.1		16.9	43.9			27.5	1 147.0		

（续表）

品种名称	试点名称	穗长（厘米）	穗粗（厘米）	秃尖长（厘米）	穗型	穗行数	行粒数	粒色	轴色	小区产量（千克）	折合亩产（千克）	比对照增减（%）	位次
玉农金甜669	蓟州	22.6	5.2	1.1	锥	14.8	41.5	黄	白	23.13	963.8	2.53	2
	宝坻	21.5	5	0.5	长筒	16.6	38.6	黄	白	22.02	917.6	5.9	2
	作物所	22.7	4.94	1.8	筒	14	41	黄	白	25.42	1 059.4	9.9	2
	保农仓	23	5.6	2.6	筒	13.2	42.8	黄	白	28.65	1 193.8	17.42	2
	玉米场	22.7	5.2	2.1	锥	15.2	38.4	黄	白	23.79	991.2	12.6	4
	中天大地	22.5	4.8	1.5	锥	14	45	黄	白	33.02	1 375.9	12.47	1
	中天润农	21.2	5.2	0.4	筒	16.2	43	黄	白	34.3	1 429.3	11.4	2
	平均	22.3	5.1	1.4		14.9	41.5			27.2	1 133.0		
丝甜7号	蓟州	19.8	4.4	0.9	锥	14	34.3	黄白	白	15.34	639.2	-32	6
	宝坻	19.3	4.2	0.3	长锥	19.4	36	黄	白	13.2	550	-36.5	6
	作物所	20.3	4.25	2.7	锥	15.5	34	黄白	白	17.03	709.5	-26.4	6
	保农仓	19.8	4.5	2.2	锥	14.4	32.4	黄白	白	11.65	485.4	-52.25	6
	玉米场	18.3	5	1	锥	15.6	29.2	黄	白	16.25	676.9	-23.1	6
	中天大地	19.2	3.8	0.3	锥	12	36	黄白	白	17.88	745.1	-39.1	6
	中天润农	21	4.2	0	筒	14	38	白黄	白	22.7	945.9	-26.3	6
	平均	19.7	4.3	1.1		15.0	34.3			16.3	678.9		

附表 11-6　2022 年天津市鲜食玉米品种区域试验田间性状汇总（甜玉米）

品种名称	试点名称	出苗期(月/日)	散粉期(月/日)	吐丝期(月/日)	果穗采收期(月/日)	出苗至采收天数(天)	株高(厘米)	穗位高(厘米)	花丝色	花药色	出苗率(%)	双穗率(%)	倒伏率(%)	倒折率(%)	大斑病(级)	丝黑穗病(%)	瘤黑粉(%)	矮花叶病(%)	小斑病(级)
万甜2000(CK)	蓟州	5/11	7/3	7/6	7/28	78	293	114.4	绿	绿	99.3	0	0	0	1	0	7.4	0	1
	宝坻	5/6	7/4	7/8	7/27	82	325	122	黄	黄	100	0	0	0	1	0	2.3	0	1
	作物所	5/9	7/5	7/18	7/27	79	284	100	绿	绿	100	0	0	0	1	0	0	0	1
	保农仓	5/18	8/7	12/7	2/8	77	280	97	绿	绿	99	0	0	0	1	0	0	0	1
	玉米场	4/28	6/28	7/1	7/17	80	286	113	绿	绿	100	10	0	0	1	0	0	0	1
	中天大地	5/17	7/14	7/16	8/8	83	244	74	青	黄	100	0	0	0	1	0	0	0	1
	中天润农	9/5	8/7	10/7	7/30	82	264	85	绿	黄	100	0	0	0	1	0	0	0	1
	平均					80.1	282.3	100.8			99.8	1.4	0	0	1.0	0	1.4	0	1.0
SD802	蓟州	5/11	7/2	7/6	7/28	78	277.4	118	绿	绿	100	0	0	0	1	0	3.7	0	1
	宝坻	5/8	7/4	7/8	7/27	80	288	108	黄	黄	100	0	0	0	1	0	0	0	1
	作物所	5/9	7/6	7/7	7/25	77	266	98	绿	绿	98.4	0	0	0	1	0	0.8	0	1
	保农仓	5/18	4/7	9/7	1/8	76	268	107	绿	绿	99.4	0	0	0	1	0	0	0	1
	玉米场	4/28	6/28	6/30	7/17	80	268	95	绿	绿	100	80	0	0	1	0	0	0	1
	中天大地	5/18	7/13	7/15	8/8	82	222	99	青	黄	100	0	0	0	1	0	0	0	1
	中天润农	9/5	11/7	11/7	7/31	83	237	93	绿	黄	100	0	0	0	1	0	0	0	1
	平均					79.4	260.9	102.6			99.7	11.8	0	0	1.0	0	0.6	0	1.0

（续表）

品种名称	试点名称	出苗期(月/日)	散粉期(月/日)	吐丝期(月/日)	果穗采收期(月/日)	出苗至采收天数(天)	株高(厘米)	穗位高(厘米)	花丝色	花药色	出苗率(%)	双穗率(%)	倒伏率(%)	倒折率(%)	大斑病(级)	丝黑穗病(%)	瘤黑粉(%)	矮花叶病(%)	小斑病(级)
蜜甜18	蓟州	5/11	7/7	7/10	8/1	82	315	116.4	绿	绿	98.5	0	0	0	1	0	13.2	0	1
	宝坻	5/8	7/7	7/10	7/28	81	335	145	绿	黄	100	0	0	0	1	0	18.2	0	1
	作物所	5/9	7/9	7/13	8/1	84	312	140	绿	绿	100	0.8	0	0	1	0	22.2	0	1
	保农仓	5/18	11/7	7/17	6/8	81	310	129	绿	绿	100	0	0	0	1	0	0	0	1
	玉米场	4/28	7/1	7/3	7/21	84	327	138	绿	绿	100	72	0	0	1	0	0	0	1
	中天大地	5/17	7/20	7/23	8/10	85	280	108	青	黄	100	0	0	0	1	2	0	0	1
	中天润农	9/5	7/16	7/17	6/8	89	280	110	绿	黄	100	0	0	0	1	0	0	0	1
	平均					83.7	308.4	126.6			99.8	10.4	0	0	1.0	0.3	7.7	0	1.0
富甜301	蓟州	5/11	7/8	7/15	8/2	83	327.3	163.7	绿	绿	99.3	0	0	0	1	0	0	0	1
	宝坻	5/6	7/10	7/15	8/2	88	345	182	黄	黄	100	0	0	0	1	0	9.3	0	1
	作物所	5/9	7/12	7/15	8/3	86	316	157	绿	绿	98.4	5.6	0	0	1	0	1.6	0	1
	保农仓	5/19	7/14	7/19	11/8	85	313	153	绿	绿	99.5	0	0	0	1	0	0	0	1
	玉米场	4/28	7/5	7/7	7/25	88	347	173	绿	绿	100	72	0	0	1	0	0	0	1
	中天大地	5/17	7/22	7/25	8/24	99	276	133	青	黄	100	0	0	0	1	0	0	0	1
	中天润农	9/5	7/17	7/19	8/8	91	298	119	绿	黄	100	0	0	0	1	0	0	0	1
	平均					88.6	317.5	154.4			99.6	11.1	0	0	1.0	0	1.6	0	1.0

（续表）

品种名称	试点名称	出苗期（月/日）	散粉期（月/日）	吐丝期（月/日）	果穗采收期（月/日）	出苗至采收天数（天）	株高（厘米）	穗位高（厘米）	花丝色	花药色	出苗率（%）	双穗率（%）	倒伏率（%）	倒折率（%）	大斑病（级）	丝黑穗病（%）	瘤黑粉（%）	矮花叶病（%）	小斑病（级）
玉农金甜669	蓟州	5/11	7/2	7/5	7/25	75	247.4	104.6	绿	绿	100	0	10.3	0	1	0	0	0	1
	宝坻	5/6	7/1	7/4	7/25	80	283	138	黄	黄	100	0	0	0	1	0	0	0	1
	作物所	5/9	7/4	7/6	7/25	77	278	103	绿	绿	100	0	0	0	1	0	1.6	0	1
	保农仓	5/18	6/7	9/7	1/8	76	256	106	绿	绿	90.6	0	0	0	1	0	0	0	1
	玉米场	4/28	6/28	6/30	7/17	80	269	106	绿	绿	100	15	70	0	1	0	0	0	1
	中天大地	5/18	7/11	7/10	8/6	84	247	95	青	黄	100	0	0	0	1	0	0	0	1
	中天润农	9/5	8/7	8/7	7/28	80	243	102	绿	黄	100	0	0	0	1	0	0	0	1
	平均					78.9	260.5	107.8			98.7	2.1	11.5	0	1.0	0	0.2	0	1.0
丝甜7号	蓟州	5/11	6/22	6/25	7/15	65	173	33.4	绿	绿	99.3	0	0	0	1	0	0	0	1
	宝坻	5/6	6/21	6/23	7/18	73	181	31	黄	黄	100	0	0	0	1	0	0	0	1
	作物所	5/9	6/23	6/25	7/16	68	180	31	绿	绿	99.2	0	0	0	1	0	0	0	1
	保农仓	5/19	6/27	6/28	7/21	64	169	38	绿	绿	93.2	0	0	0	1	0	0	0	1
	玉米场	4/28	6/20	6/21	7/14	77	181	41	浅紫	浅紫	100	2	0	0	1	0	0	0	1
	中天大地	5/17	6/30	6/28	7/24	68	164	18	青	黄	100	0	0	0	1	0	0	0	1
	中天润农	9/5	6/24	6/26	7/16	68	162	40	绿	黄	100	0	0	0	1	0	0	0	1
	平均					69.0	172.9	33.2			98.8	0.3	0	0	1.0	0	0	0	1.0

附录 1　天津市农业农村委员会公告（小麦）

津 17185 等 5 个小麦品种已经天津市农作物品种审定委员会第三十五次品种审定会议审定通过。现予公告。

天津市农业农村委员会

2022 年 3 月 21 日

附件1 品种目录

作物	序号	审定编号	品种名称	品种来源	育种者
小麦	1	津审麦20220001	津17185	原冬905/8901-11-14//河农326/WKSSB-369/3/石L5206-2	天津市农作物研究所
	2	津审麦20220002	福麦1号	农大5181///3330/00594//藁麦2018	河北福艾沃农业科技有限公司
	3	津审麦20220003	福麦2号	农大5181/3637	河北福艾沃农业科技有限公司
	4	津审麦20228001	华麦188	济麦22/泰农2413	山东富华种业有限公司
	5	津审麦20228002	华麦806	济麦22/NJ413	山东富华种业有限公司

附件 2 品种简介

审定编号：津审麦 20220001

品种名称：津 17185

申请者：天津市农作物研究所

育种者：天津市农作物研究所

品种来源：原冬 905/8901-11-14//河农 326/WKSSB-369/3/石 L5206-2

特征特性：冬性，生育期 246 天，与对照津农 6 号相同。幼苗半匍匐，株高 80.8 厘米，穗呈方形，长芒、白壳、粒白色，硬质，籽粒较饱满。平均亩穗数 42.4 万穗，穗粒数 32.8 粒，千粒重 47.4 克，容重 815.8 克/升。抗寒结果：2018—2019 年度，死茎率 10.1%；2019—2020 年度，死茎率 0%。抗病鉴定结果：2018—2019 年度，中抗白粉病，中抗叶锈病，高抗条锈病；2019—2020 年度，高感白粉病，中抗叶锈病，中抗条锈病。品质分析结果：2018—2019 年度，粗蛋白质含量（干基）14.09%，湿面筋含量 30.5%，吸水率 59.5 毫升/百克，面团稳定时间 6.5 分钟，最大拉伸阻力 Rm.E.U.386，拉伸面积 69 平方厘米，符合中筋标准；2019—2020 年度，粗蛋白质含量（干基）13.85%，湿面筋含量 30.9%，吸水率 60.0 毫升/百克，面团稳定时间 5.1 分钟，最大拉伸阻力 Rm.E.U.212，拉伸面积 50 平方厘米，符合中筋标准。

产量表现：2018—2019 年度区域试验，平均亩产 584.8 千克，比对照津农 6 号增产 3.62%，增产点比率 100%。2019—2020 年度区域试验，平均亩产 593.4 千克，比对照津农 6 号增产 8.39%，增产点比率 80%。2020—2021 年度生产试验，平均亩产 559.2 千克，比对照津农 6 号增产 9.03%，增产点比率 100%。

栽培技术要点：①深耕整地，足墒下种。深耕 20~25 厘米，耙透耙平，消灭明暗坷垃，达到上松下实。做好种子包衣或药剂拌种，保证苗齐苗壮及防苗期病虫为害。②适期播种，节本精播。天津地区以 9 月 28 日至 10 月 8 日为最佳播期，亩播量 15~20 千克为最佳。③合理施肥。该品种为中高秆，茎秆强壮，抗倒伏性较好，亩施肥量同一般高产小麦品种。④科学浇水。一般年份应立足抗旱、浇足底墒水，保证苗齐、苗壮。适时浇好封冻水，返青水可适当错后（利于蹲苗，促根系下扎），浇好拔节水或孕穗水。⑤严防病虫草害。

审定意见：该品种符合天津市小麦品种审定标准，通过审定。适宜天津市作冬小麦种植。

审定编号：津审麦 20220002

品种名称：福麦 1 号

申请者：河北福艾沃农业科技有限公司

育种者：河北福艾沃农业科技有限公司

品种来源：农大 518I///3330/00594//藁麦 2018

特征特性：冬性，生育期 247 天，比对照津农 6 号（246 天）晚 1 天。幼苗匍匐，株高 76 厘米，穗呈纺锤形，长芒、白壳、粒红色，硬质。平均亩穗数 48.2 万穗，穗粒数 33.6 粒，千粒重 43.3 克，容重 802.7 克/升。抗寒结果：2018—2019 年度，死茎率 9.0%；2019—2020 年度，死茎率 0%。抗病鉴定结果：2018—2019 年度，抗白粉病，中感叶锈病，慢锈条锈病；2019—2020 年度，抗白粉病，中感叶锈病，慢锈条锈病。品质分析结果：2018—2019 年度，粗蛋白质含量（干基）13.01%，湿面筋含量

31.8%，吸水率 65.4 毫升/百克，面团稳定时间 6.3 分钟，最大拉伸阻力 Rm.E.U.325，拉伸面积 72 平方厘米，符合中筋标准；2019—2020 年度，粗蛋白质含量（干基）13.85%，湿面筋含量 30.5%，吸水率 61.7 毫升/百克，面团稳定时间 14.5 分钟，最大拉伸阻力 Rm.E.U.609，拉伸面积 117 平方厘米，符合中强筋标准。

产量表现：2018—2019 年度区域试验，平均亩产 586.7 千克，比对照津农 6 号增产 3.95%，增产点比率 80%。2019—2020 年度区域试验，平均亩产 656.3 千克，比对照津农 6 号增产 19.88%，增产点比率 100%。2020—2021 年度生产试验，平均亩产 557.9 千克，比对照津农 6 号增产 8.64%，增产点比率 100%。

栽培技术要点：①适宜播种期为 10 月上中旬。中上等肥力地块，基本苗控制在 23 万株/亩左右，地力较弱或播期后移时，需适当增加播种量。②精细整地，秸秆深翻，施足底肥，浇足底墒水。③浇好小麦越冬水。小麦拔节后，根据麦田群体表现和发育进程，可结合浇水追施氮肥一次，一般亩施尿素 15 千克左右。小麦抽穗前后注意及时防治蚜虫和各种病害。

审定意见：该品种符合天津市小麦品种审定标准，通过审定。适宜天津市作冬小麦种植。

审定编号：津审麦 20220003
品种名称：福麦 2 号
申请者：河北福艾沃农业科技有限公司
育种者：河北福艾沃农业科技有限公司
品种来源：农大 5181/3637
特征特性：冬性，生育期 246 天，与对照津农 6 号相同。幼苗匍匐，株高 70.7 厘米，穗呈纺锤形，长芒、白壳、粒红色、半硬粒型。平均亩穗数 47.7 万穗，穗粒数 28.5 粒，千粒重 50.0 克，容重 773.8 克/升。抗寒结果：2018—2019 年度，死茎率 8.2%；2019—2020 年度，死茎率 0%。抗病鉴定结果：2018—2019 年度，中感白粉病，中感叶锈病，慢锈条锈病；2019—2020 年度，高感白粉病，中感叶锈病，慢锈条锈病。品质分析结果：2018—2019 年度，粗蛋白质含量（干基）13.39%，湿面筋含量 31.5%，吸水率 60.7 毫升/百克，面团稳定时间 2.6 分钟，最大拉伸阻力 Rm.E.U.170，拉伸面积 36 平方厘米，符合中筋标准；2019—2020 年度，粗蛋白质含量（干基）14.24%，湿面筋含量 33.2%，吸水率 63.7 毫升/百克，面团稳定时间 1.9 分钟，最大拉伸阻力 Rm.E.U.104，拉伸面积 26 平方厘米，符合中筋标准。

产量表现：2018—2019 年度区域试验，平均亩产 604.1 千克，比对照津农 6 号增产 6.90%，增产点比率 80%。2019—2020 年度区域试验，平均亩产 608.4 千克，比对照津农 6 号增产 11.14%，增产点比率 100%。2020—2021 年度生产试验，平均亩产 544.4 千克，比对照津农 6 号增产 5.45%，增产点比率 75%。

栽培技术要点：①适宜播种期为 10 月上中旬。中上等肥力地块，基本苗控制在 23 万株/亩左右，地力较弱或播期后移时，需适当增加播种量。②精细整地，秸秆深翻，施足底肥，浇足底墒水。③浇好小麦越冬水。小麦拔节后，根据麦田群体表现和发育进程，可结合浇水追施氮肥一次，一般亩施尿素 15 千克左右。小麦抽穗前后注意及时防治蚜虫和各种病害。

审定意见：该品种符合天津市小麦品种审定标准，通过审定。适宜天津市作冬小麦种植。

审定编号： 津审麦 20228001

品种名称： 华麦 188

申请者： 山东富华种业有限公司

育种者： 山东富华种业有限公司

品种来源： 济麦 22/泰农 2413

特征特性： 冬性，生育期 246 天，与对照津农 6 号相当。幼苗直立，株高 69.2 厘米，穗呈纺锤形，长芒、白壳、粒白色，硬质，籽粒较饱满。平均亩穗数 47.3 万穗，穗粒数 34.4 粒，千粒重 41.6 克，容重 792.9 克/升。抗寒结果：2018—2019 年度，死茎率 1.9%；2019—2020 年度，死茎率 0%。抗病鉴定结果：2018—2019 年度，中抗白粉病，中感叶锈病，中抗条锈病；2019—2020 年度，高感白粉病，中感叶锈病，中抗条锈病。品质分析结果：2018—2019 年度，粗蛋白质含量（干基）13.75%，湿面筋含量 31.4%，吸水率 63.3 毫升/百克，面团稳定时间 2.0 分钟，最大拉伸阻力 Rm.E.U.93，拉伸面积 22 平方厘米，符合中筋标准；2019—2020 年度，粗蛋白质含量（干基）12.95%，湿面筋含量 31.8%，吸水率 61.3 毫升/百克，面团稳定时间 2.9 分钟，最大拉伸阻力 Rm.E.U.129，拉伸面积 37 平方厘米，符合中筋标准。

产量表现： 2018—2019 年度区域试验，平均亩产 547.7 千克，比对照津农 6 号增产 12.24%，增产点比率 100%。2019—2020 年度区域试验，平均亩产 572.2 千克，比对照津农 6 号增产 6.24%，增产点比率 100%。2020—2021 年度生产试验，平均亩产 484.8 千克，比对照津农 6 号增产 4.82%，增产点比率 75%。

栽培技术要点： 适宜在天津市中上等肥力水浇地种植，9 月底至 10 月上旬播种。播后镇压，施足底肥，每亩施五氧化二磷和氧化钾各 10 千克左右。氮肥底施和追施各 50%，全生育期施纯氮 18 千克/亩。冬前总茎数控制在 70 万~90 万/亩，春季最高总茎数控制在 90 万~110 万/亩。冬前灌越冬水，并适时镇压。早春蹲苗，适时镇压，中耕松土，保墒增温，重管拔节肥水，注意防治田间杂草和蚜虫，适时收获。

审定意见： 该品种符合天津市小麦品种审定标准，通过审定。适宜天津市作冬小麦种植。

审定编号： 津审麦 20228002

品种名称： 华麦 806

申请者： 山东富华种业有限公司

育种者： 山东富华种业有限公司

品种来源： 济麦 22/NJ413

特征特性： 冬性，生育期 246 天，与对照津农 6 号相当。幼苗匍匐，株高 71.6 厘米，穗呈纺锤形，长芒、白壳、粒白色，硬质。平均亩穗数 43.5 万穗，穗粒数 34.6 粒，千粒重 42.8 克，容重 787 克/升。抗寒结果：2019—2020 年度，死茎率 0；2020—2021 年度，死茎率 5.2%。抗病鉴定结果：2019—2020 年度，高感白粉病，慢锈叶锈病，中抗条锈病；2020—2021 年度，中感白粉病，慢锈叶锈病，中抗条锈病。品质分析结果：2019—2020 年度，粗蛋白质含量（干基）12.62%，湿面筋含量 27.5%，吸水率 62.6 毫升/百克，面团稳定时间 5.2 分钟，最大拉伸阻力 Rm.E.U.265，拉伸面积 64 平方厘米，符合中筋标准；2020—2021 年度，粗蛋白质含量（干基）12.80%，湿面筋含量 30.9%，吸水率 61.0 毫升/百克，面团稳定时间 4.2 分钟，最大拉伸阻力 Rm.E.U.203，拉伸面积 55 平方厘米，符合中筋标准。

产量表现：2019—2020 年度区域试验，平均亩产 604.3 千克，比对照津农 6 号增产 12.20%，增产点比率 100%。2020—2021 年度区域试验，平均亩产 465.2 千克，比对照津农 6 号增产 2.45%，增产点比率 75%。2020—2021 年度生产试验，平均亩产 487.8 千克，比对照津农 6 号增产 4.90%，增产点比率 100%。

栽培技术要点：9 月底至 10 月上旬播种，晚播可适当增加播种量。施足底肥，有机肥、磷钾肥底施，每亩施五氧化二磷和氧化钾各 10 千克左右。氮肥底施和追施各 50%，冬前灌越冬水，并适时镇压。早春蹲苗，适时镇压，中耕松土，保墒增温，重施拔节肥水，注意防治田间杂草和蚜虫，适时收获。

审定意见：该品种符合天津市小麦品种审定标准，通过审定。适宜天津市作冬小麦种植。

附录 2　天津市农业农村委员会公告（水稻、玉米）

金稻 909 等 4 个稻品种、津丰 188 等 10 个玉米品种，已经天津市农作物品种审定委员会第三十五次品种审定会议审定通过。现予公告。

天津市农业农村委员会

2022 年 8 月 22 日

附件 1 品种目录

作物	序号	审定编号	品种名称	品种来源	育种者
水稻	1	津审稻20220001	金稻 909	津稻 169//稻花香 2 号/越光	天津市农作物研究所
	2	津审稻20220002	天隆粳 4 号	辽粳 294/越光//辽粳 294	天津天隆科技股份有限公司
	3	津审稻20220003	津原 U999（试验名称：TP181）	津原香 98/津原 E28	天津市优质农产品开发示范中心
	4	津审稻20225001	津原润 1 号（试验名称：T203）	南粳 9108/津原 89	天津市优质农产品开发示范中心
玉米	5	津审玉20220001	津丰 188	H51×6H88-1	天津中天大地科技有限公司
	6	津审玉20220002	先玉 1923	PH4DW8×PH435P	铁岭先锋种子研究有限公司
	7	津审玉20220003	冀玉 757	冀 57×冀 2894	河北省农林科学院粮油作物研究所、河北省农林科学院
	8	津审玉20220004	澳银糯 160	JY073×JY011	天津市南澳种子有限公司
	9	津审玉20220005	苏科糯 1901	JH1402×JSW17605	句容苏科鲜食玉米研究有限公司、江苏省农业科学院粮食作物研究所
	10	津审玉20220006	润糯 175	W68×9T675	天津中天润农科技有限公司
	11	津审玉20220007	津糯 111	遗景遗×9T1440	天津农学院农学与资源环境学院、天津中天润农科技有限公司
	12	津审玉20220008	斯达糯 36	宿 1-41×D07H1394	北京中农斯达农业科技开发有限公司
	13	津审玉20220009	香甜糯 938	昌 309×H2000	武威兴盛种业有限公司
	14	津审玉20220010	斯达甜 800	S10X5741B×D14C800A	北京中农斯达农业科技开发有限公司

附件2 品种简介

审定编号：津审稻20220001

品种名称：金稻909

申请者：天津市农作物研究所

育种者：天津市农作物研究所

品种来源：津稻169//稻花香2号/越光

特征特性：常规粳稻品种。全生育期172天。株高111.4厘米，穗长20.6厘米，每穗总粒数119.4粒，结实率92.4%，千粒重26.3克，亩有效穗22.5万穗。抗性：稻瘟病综合抗性指数两年分别为3.5、5.0，穗颈瘟损失率最高级5级，中感；条纹叶枯病抗性3级，达到抗级。米质主要指标：整精米率71.4%，垩白度2.6%，直链淀粉含量16.7%，胶稠度70毫米，碱消值7级，达到农业行业《食用稻品种品质》标准二级。

产量表现：2019年天津市春稻区试，平均亩产643.0千克，比对照津原E28减产3.0%；2020年天津市春稻区试，平均亩产645.8千克，比对照津原E28增产5.6%，增产点比率100%；2021年天津市春稻生产试验，平均亩产593.1千克，比对照津原E28增产6.2%，增产点比率100%。

栽培技术要点：4月上旬播种，亩用种量3.0~3.5千克。播种前应用药剂浸种防治干尖线虫病和恶苗病，秧龄35天左右，移栽密度30厘米×21厘米。以全层底施肥为主，追肥为辅，氮、磷、钾、硅肥配合使用，采用重前轻后的施肥方法，适当控制后期氮素用量。注意稻瘟病、纹枯病、稻曲病的防治。

审定意见：该品种符合天津市稻品种审定标准，通过审定。适宜天津市作一季春稻种植。

审定编号：津审稻20220002

品种名称：天隆粳4号

申请者：天津天隆科技股份有限公司

育种者：天津天隆科技股份有限公司

品种来源：辽粳294/越光//辽粳294

特征特性：常规粳稻品种。全生育期174天。株高113.3厘米，穗长17.5厘米，每穗总粒数142.7粒，结实率90.4%，千粒重27.2克，亩有效穗26.2万穗。抗性：稻瘟病综合抗性指数两年分别为4.3、5.0，穗颈瘟损失率最高级5级，中感；条纹叶枯病抗性3级，达到抗级。米质主要指标：整精米率65.2%，垩白度7.7%，直链淀粉含量15.9%，胶稠度64毫米，碱消值6.8级。

产量表现：2019年天津市春稻区试，平均亩产757.9千克，比对照津原E28增产12.1%，增产点比率100%；2020年天津市春稻区试，平均亩产676.2千克，比对照津原E28增产10.7%，增产点比率100%；2021年天津市春稻生产试验，平均亩产605.1千克，比对照津原E28增产8.2%，增产点比率100%。

栽培技术要点：4月上中旬播种，亩用种量3.0~3.5千克，播种前应用药剂浸种防治干尖线虫病和恶苗病，秧龄35天左右，移栽密度30厘米×（18~21）厘米。以全层施肥为主，追肥为辅，氮、磷、钾、硅肥配合使用，采用重前轻后的施肥方法，适当控制后期氮素用量。注意稻瘟病、纹枯病、稻曲病的防治。

审定意见：该品种符合天津市稻品种审定标准，通过审定。适宜天津市作一季春稻种植。

审定编号：津审稻 20220003
品种名称：津原 U999
申请者：天津市优质农产品开发示范中心
育种者：天津市优质农产品开发示范中心
品种来源：津原香 98/津原 E28
特征特性：常规粳稻品种。全生育期 177 天。株高 121.3 厘米，穗长 22.0 厘米，每穗总粒数 151.0 粒，结实率 91.3%，千粒重 27.9 克，亩有效穗 19.9 万穗。抗性：稻瘟病综合抗性指数 3.5、2.3，穗颈瘟损失率最高级 3 级，中抗；条纹叶枯病抗性 3 级，达到抗级。米质主要指标：整精米率 70.7%，垩白度 1.5%，直链淀粉含量 17.2%，胶稠度 79 毫米，碱消值 7 级，达到农业行业标准《食用稻品种品质》二级。

产量表现：2020 年天津市优质春稻区试，平均亩产 654.6 千克，比对照津原 E28 增产 5.3%，增产点比率 66.7%；2021 年天津市优质春稻区试，平均亩产 604.1 千克，比对照津原 E28 增产 6.9%，增产点比率 100%；2021 年天津市优质春稻生产试验，平均亩产 617.0 千克，比对照津原 E28 增产 7.4%，增产点比率 100%。

栽培技术要点：4 月上中旬播种，亩用种量 3.0~3.5 千克，播种前应用药剂浸种防治干尖线虫病和恶苗病，秧龄 35 天左右，插秧适期 5 月中旬前后，移栽密度 30 厘米×21 厘米。以全层施肥为主，追肥为辅，氮、磷、钾、硅肥配合使用，采用重前轻后的施肥方法，适当控制后期氮素用量。注意纹枯病、稻瘟病、稻曲病的防治。

审定意见：该品种符合天津市稻品种审定标准，通过审定。适宜天津市作一季春稻种植。

审定编号：津审稻 20225001
品种名称：津原润 1 号
申请者：天津市优质农产品开发示范中心
育种者：天津市优质农产品开发示范中心
品种来源：南粳 9108/津原 89
特征特性：特殊类型粳稻品种。全生育期 173 天。株高 105.5 厘米，穗长 17.5 厘米，每穗总粒数 140.9 粒，结实率 91.5%，千粒重 25.3 克，亩有效穗 20.7 万穗。抗性：稻瘟病综合抗性指数两年分别为 5.0，穗颈瘟损失率最高级 5 级，中感；条纹叶枯病抗性 3 级，达到抗级。米质主要指标：整精米率 64%，垩白度 9.2%，直链淀粉含量 10.5%，胶稠度 81 毫米，碱消值 3.5 级。

产量表现：2020 年天津市特用稻区试，平均亩产 665.0 千克；2021 年天津市特用稻生产试验，平均亩产 564.1 千克。

栽培技术要点：4 月上中旬播种，亩用种量 3.0~3.5 千克，播种前用药剂浸种防治干尖线虫病和恶苗病，秧龄 35 天左右，插秧适期 5 月中旬前后，移栽密度 30 厘米×21 厘米。以全层施肥为主，追肥为辅，氮、磷、钾、硅肥配合使用，采用重前轻后的施肥方法，适当控制后期氮素用量。注意纹枯病、稻曲病、稻瘟病的防治。

审定意见：该品种符合天津市特殊类型稻品种审定标准，通过审定。适宜天津市作一季春稻种植。

审定编号： 津审玉 20220001

品种名称： 津丰 188

申请者： 天津中天大地科技有限公司

育种者： 天津中天大地科技有限公司

品种来源： H51×6H88-1

特征特性： 春玉米品种。生育期 117.5 天。株高 249.1 厘米，穗位高 79.6 厘米，株型半紧凑，穗长 18.7 厘米，穗粗 5.0 厘米，穗行数 16.9，秃尖长 1.9 厘米，单穗粒重 192.7 克，百粒重 36.1 克，轴白色，籽粒黄色，马齿型。2019 年接种鉴定，抗大斑病，中抗灰斑病，感丝黑穗病，抗茎腐病，感穗腐病。2020 年接种鉴定，抗大斑病，高抗灰斑病，中抗丝黑穗病，中抗茎腐病，感穗腐病。容重 738 克/升，粗蛋白（干基）9.8%，粗脂肪（干基）4.06%，粗淀粉（干基）72.41 %，赖氨酸（干基）0.27%。

产量表现： 2019 年天津市春玉米区试，平均亩产 668.8 千克，增产点比率 80%，比对照郑单 958 增产 3.3%。2020 年天津市春玉米区试，平均亩产 741.4 千克，增产点比率 100%，比对照郑单 958 增产 6.7%。2021 年天津市春玉米生产试验，平均亩产 739.5 千克，增产点比率 85.7%，比对照郑单 958 增产 7.3%。

栽培技术要点： 本品种适宜密度每亩 4 000 株，不宜密植，要求肥力中等以上，以底肥为主。

审定意见： 该品种符合天津市玉米品种审定标准，通过审定。适宜天津市作春玉米种植。

审定编号： 津审玉 20220002

品种名称： 先玉 1923

申请者： 铁岭先锋种子研究有限公司

育种者： 铁岭先锋种子研究有限公司

品种来源： PH4DW8×PH435P

特征特性： 春玉米品种。生育期 113 天。株高 280.1 厘米，穗位高 91 厘米，株型半紧凑，穗长 18.7 厘米，穗粗 4.7 厘米，穗行数 16.1，秃尖长 0.9 厘米，单穗粒重 183.7 克，百粒重 33.9 克，轴红色，籽粒黄色，马齿型。2019 年接种鉴定，抗大斑病，感灰斑病，感丝黑穗病，高抗茎腐病，感穗腐病。2020 年接种鉴定，中抗大斑病，抗灰斑病，感丝黑穗病，中抗茎腐病，感穗腐病。容重 770 克/升，粗蛋白（干基）9.0%，粗脂肪（干基）3.83%，粗淀粉（干基）75.91%，赖氨酸（干基）0.26%。

产量表现： 2019 年天津市春玉米区试，平均亩产 742.2 千克，增产点比率 100%，比对照郑单 958 增产 14.6%。2020 年天津市春玉米区试，平均亩产 752.7 千克，增产点比率 83%，比对照郑单 958 增产 8.3%。2021 年天津市春玉米生产试验，平均亩产 721.2 千克，增产点比率 85.7%，比对照郑单 958 增产 4.6%。

栽培技术要点： 本品种适宜密度每亩 4 000~4 500 株，亩施磷酸二铵 20 千克和硫酸钾 10 千克做种肥，追肥尿素亩施 10 千克。

审定意见： 该品种符合天津市玉米品种审定标准，通过审定。适宜天津市作春玉米种植。

审定编号：津审玉 20220003

品种名称：冀玉 757

申请者：河北省农林科学院粮油作物研究所

育种者：河北省农林科学院粮油作物研究所

　　　　河北省农林科学院

品种来源：冀 57×冀 2894

特征特性：春玉米品种。生育期 112.6 天。株高 289.1 厘米，穗位高 102.4 厘米，株型半紧凑，穗长 19.6 厘米，穗粗 4.9 厘米，穗行数 16.4，秃尖长 1.4 厘米，单穗粒重 189.5 克，百粒重 35.5 克，轴红色，籽粒黄色，马齿型。2019 年接种鉴定，抗大斑病，中抗灰斑病，感丝黑穗病，高抗茎腐病，中抗穗腐病。2020 年接种鉴定，中抗大斑病，中抗灰斑病，感丝黑穗病，抗茎腐病，感穗腐病。容重 758 克/升，粗蛋白（干基）8.43%，粗脂肪（干基）3.07%，粗淀粉（干基）77.26%，赖氨酸（干基）0.26%。

产量表现：2019 年天津市春玉米区试，平均亩产 747.7 千克，增产点比率 100%，比对照郑单 958 增产 15.5%。2020 年天津市春玉米区试，平均亩产 774.7 千克，增产点比率 100%，比对照郑单 958 增产 11.5%。2021 年天津市春玉米生产试验，平均亩产 746.3 千克，增产点比率 100%，比对照郑单 958 增产 8.3%。

栽培技术要点：本品种适宜密度每亩 3 500~4 000 株，种肥亩施复合肥 30~40 千克，大喇叭口前期亩追施尿素 7.5~10.0 千克，注意防治玉米螟。

审定意见：该品种符合天津市玉米品种审定标准，通过审定。适宜天津市作春玉米种植。

审定编号：津审玉 20220004

品种名称：澳银糯 160

申请者：天津市南澳种子有限公司

育种者：天津市南澳种子有限公司

品种来源：JY073×JY011

特征特性：鲜食糯玉米品种。出苗到采收期 74.8 天，比对照乾坤银糯短 9.2 天。株高 209.3 厘米，穗位高 84.7 厘米，穗长 21.5 厘米，穗粗 5.2 厘米，秃尖长 1.7 厘米，穗行数 18.2，行粒数 36.0。籽粒白色，穗轴白色。支链淀粉占总淀粉 99.9%。

产量表现：2019 年天津市鲜食糯玉米区试，平均亩产鲜果穗 1 127.0 千克，比对照乾坤银糯增产 11.3%，增产点比率 100%。2021 年天津市鲜食糯玉米区试，平均亩产鲜果 1 071.3 千克，比对照乾坤银糯增产 6.3%。增产点比率 66.7%。

栽培技术要点：适宜春播种植，每亩适宜密度 3 500 株左右。在起垄或播种时施足底肥，有条件的可施农家肥。注意防治地下害虫、玉米螟。

审定意见：该品种符合天津市玉米品种审定标准，通过审定。适宜天津市作鲜食糯玉米种植。

审定编号：津审玉 20220005

品种名称：苏科糯 1901

申请者：句容苏科鲜食玉米研究有限公司

育种者：句容苏科鲜食玉米研究有限公司

江苏省农业科学院粮食作物研究所

品种来源：JH1402×JSW17605

特征特性：鲜食糯玉米品种。出苗到采收期 79.9 天，比对照乾坤银糯短 4.2 天。株高 229.4 厘米，穗位高 91.2 厘米，穗长 21.1 厘米，穗粗 5.2 厘米，秃尖长 2.6 厘米，穗行数 17.9，行粒数 38.3。籽粒白色，穗轴白色。支链淀粉占总淀粉 99.7%。

产量表现：2020 年天津市鲜食糯玉米区试，平均亩产鲜果穗 1 016.3 千克，比对照乾坤银糯增产 4.1%，增产点比率 85.7%。2021 年天津市鲜食糯玉米区试，平均亩产鲜果 1 117.4 千克，比对照乾坤银糯增产 10.8%，增产点比率 83.3%。

栽培技术要点：春夏播均可，每亩适宜密度 3 500 株左右。在起垄或播种时施足底肥，有条件的可施农家肥。注意防治地下害虫、玉米螟、丝黑穗病。

审定意见：该品种符合天津市玉米品种审定标准，通过审定。适宜天津市作鲜食糯玉米种植。

审定编号：津审玉 20220006

品种名称：润糯 175

申请者：天津中天润农科技有限公司

育种者：天津中天润农科技有限公司

品种来源：W68×9T675

特征特性：鲜食糯玉米品种。出苗到采收期 81.2 天，比对照乾坤银糯短 2.8 天。株高 244.8 厘米，穗位高 105.3 厘米，穗长 23.3 厘米，穗粗 5.0 厘米，秃尖长 2.7 厘米，穗行数 16.1，行粒数 37.0。籽粒白色，穗轴白色。支链淀粉占总淀粉 100.0%。

产量表现：2020 年天津市鲜食糯玉米区试，平均亩产鲜果穗 1 047.4 千克，比对照乾坤银糯增产 7.3%，增产点比率 85.7%。2021 年天津市鲜食糯玉米区试，平均亩产鲜果穗 1 128.9 千克，比对照乾坤银糯增产 12%，增产点比率 100%。

栽培技术要点：春夏播均可，地膜覆盖可提早在 3 月中旬，双膜覆盖可提前到 3 月初，每亩适宜密度 3 500~3 800 株。在起垄或播种时施足底肥，有条件的可施农家肥。注意防治地下害虫、玉米螟、丝黑穗病。

审定意见：该品种符合天津市玉米品种审定标准，通过审定。适宜天津市作鲜食糯玉米种植。

审定编号：津审玉 20220007

品种名称：津糯 111

申请者：天津中天润农科技有限公司

育种者：天津农学院农学与资源环境学院

天津中天润农科技有限公司

品种来源：遗景遗×9T1440

特征特性：鲜食糯玉米品种。出苗到采收期 72.9 天，比对照乾坤银糯短 11.2 天。株高 207.1 厘米，穗位高 78.6 厘米，穗长 20.7 厘米，穗粗 5.0 厘米，秃尖长 3.3 厘米，穗行数 16.5，行粒数 35.1。籽粒白色，穗轴白色。支链淀粉占总淀粉 100.0%。

产量表现： 2020 年天津市鲜食糯玉米区试，平均亩产鲜果穗 947.6 千克，比对照乾坤银糯减产 0.1%，增产点比率 57.1%。2021 年天津市鲜食糯玉米区试，平均亩产鲜果穗 1 059.9 千克，比对照乾坤银糯增产 5.1%，增产点比率 66.7%。

栽培技术要点： 春夏播均可，地膜覆盖可提早在 3 月中旬，双膜覆盖可提前到 3 月初，每亩适宜密度 3 200～3 500 株。在起垄或播种时施足底肥，有条件的可施农家肥。注意防治地下害虫、玉米螟、丝黑穗病。

审定意见： 该品种符合天津市玉米品种审定标准，通过审定。适宜天津市作鲜食糯玉米种植。

审定编号： 津审玉 20220008
品种名称： 斯达糯 36
申请者： 北京中农斯达农业科技开发有限公司
育种者： 北京中农斯达农业科技开发有限公司
品种来源： 宿 1-41×D07H1394
特征特性： 鲜食糯玉米品种。出苗到采收期 82.7 天，比对照乾坤银糯短 1.5 天。株高 255.2 厘米，穗位高 104.6 厘米，穗长 20.9 厘米，穗粗 5.0 厘米，秃尖长 1.6 厘米，穗行数 14.4，行粒数 39.3。籽粒彩色，穗轴白色。支链淀粉占总淀粉 100.0%。

产量表现： 2020 年天津市鲜食糯玉米区试，平均亩产鲜果穗 1 046.9 千克，比对照乾坤银糯增产 7.3%，增产点比率 71.4%。2021 年天津市鲜食糯玉米区试，平均亩产鲜果穗 1 119.0 千克，比对照乾坤银糯增产 11%，增产点比率 66.7%。

栽培技术要点： 春夏播均可，地膜覆盖可提早在 3 月中旬，双膜覆盖可提前到 3 月初，每亩适宜密度 3 500 株左右。在起垄或播种时施足底肥，有条件的可施农家肥。注意防治地下害虫、玉米螟。

审定意见： 该品种符合天津市玉米品种审定标准，通过审定。适宜天津市作鲜食糯玉米种植。

审定编号： 津审玉 20220009
品种名称： 香甜糯 938
申请者： 北京恒茂益远农业科技有限公司
育种者： 武威兴盛种业有限公司
品种来源： 昌 309×H2000
特征特性： 鲜食糯玉米品种。出苗到采收期 80.8 天，比对照乾坤银糯短 3.3 天。株高 247.0 厘米，穗位高 102.2 厘米，穗长 20.7 厘米，穗粗 5.2 厘米，秃尖长 2.2 厘米，穗行数 14.5，行粒数 39.6。籽粒白色，穗轴白色。支链淀粉占总淀粉 100.0%。

产量表现： 2020 年天津市鲜食糯玉米区试，平均亩产鲜果穗 1 054.3 千克，比对照乾坤银糯增产 8.0%，增产点比率 85.7%。2021 年天津市鲜食糯玉米区试，平均亩产鲜果穗 1 126.8 千克，比对照乾坤银糯增产 11.8%，增产点比率 100%。

栽培技术要点： 春夏播均可，地膜覆盖可提早在 3 月中旬，双膜覆盖可提前到 3 月初，每亩适宜密度 3 500～4 000 株。在起垄或播种时施足底肥，有条件的可施农家肥。注意防治地下害虫、玉米螟。

审定意见：该品种符合天津市玉米品种审定标准，通过审定。适宜天津市作鲜食糯玉米种植。

审定编号：津审玉 20220010

品种名称：斯达甜 800

申请者：北京中农斯达农业科技开发有限公司

育种者：北京中农斯达农业科技开发有限公司

品种来源：S10X5741B×D14C800A

特征特性：鲜食甜玉米品种。出苗到采收期 81.1 天，比对照万甜 2000 短 1 天。株高 245.9 厘米，穗位 92.6 厘米，穗长 21.5 厘米，穗粗 5.3 厘米，秃尖长 1.3 厘米，穗行数 19.7，行粒数 46.2。籽粒黄色，穗轴白色。可溶性糖含量 7.86%。

产量表现：2020 年天津市鲜食甜玉米区试，平均亩产鲜果穗 1 031.2 千克，比对照万甜 2000 增产 1.2%，增产点比率 71.4%。2021 年天津市鲜食甜玉米区试，平均亩产鲜果穗 1 150.3 千克，比对照万甜 2000 增产 1.7%，增产点比率 66.7%。

栽培技术要点：春夏播均可，地膜覆盖可提早在 3 月中旬，双膜覆盖可提前到 3 月初，每亩适宜密度 3 500 株。在起垄或播种时施足底肥，有条件的可施农家肥。注意防治地下害虫、玉米螟。

审定意见：该品种符合天津市玉米品种审定标准，通过审定。适宜天津市作鲜食甜玉米种植。